智能农业数据
综合分析与实践

孙成明　主编

中国农业科学技术出版社

图书在版编目（CIP）数据

智能农业数据综合分析与实践/孙成明主编.
北京：中国农业科学技术出版社，2025.4. -- ISBN 978-7-5116-7310-7

Ⅰ.S-39

中国国家版本馆CIP数据核字第20255S8X51号

责任编辑　马维玲
责任校对　李向荣
责任印制　姜义伟　王思文

出 版 者　中国农业科学技术出版社
　　　　　北京市中关村南大街12号　邮编：100081
电　　话　（010）82109194（编辑室）　　（010）82106624（发行部）
　　　　　（010）82106624（读者服务部）
网　　址　https://castp.caas.cn
经 销 者　各地新华书店
印 刷 者　北京科信印刷有限公司
开　　本　185 mm×260 mm　1/16
印　　张　11.75　彩插32面
字　　数　289千字
版　　次　2025年4月第1版　2025年4月第1次印刷
定　　价　78.00元

◆版权所有·侵权必究◆

《智能农业数据综合分析与实践》

编委会

主　编　孙成明　扬州大学

参　编　傅隆生　西北农林科技大学

　　　　　黄晓敏　扬州大学

　　　　　李　瑞　苏州市农业科学院

　　　　　刘　涛　扬州大学

　　　　　马海姣　扬州大学

　　　　　马韫韬　中国农业大学

　　　　　王敦亮　苏州市农业科学院

　　　　　杨　昊　青岛农业大学

　　　　　杨天乐　江苏农林职业技术学院

　　　　　杨万能　华中农业大学

　　　　　张保华　南京农业大学

前　言

在当今科技飞速发展的时代，农业领域正经历着前所未有的变革，智能农业逐渐成为农业发展的核心方向。而智能农业的核心在于数据，数据如同农业生产中的"智慧大脑"，其重要性不言而喻。

农业数据类型丰富多样，涵盖气象、土壤、作物生长状况等诸多方面。通过精准的智能农业数据获取手段，我们能够收集海量信息。而对这些数据进行深入的分析与实践，是挖掘数据价值的基础。例如，气象数据能助力预测灾害，合理安排农事活动；土壤数据可指导精准施肥灌溉，提高资源利用率。

数据分析是解锁农业数据价值的关键钥匙。准确而深入的分析能够将海量、复杂的农业数据转化为有价值的信息，帮助我们了解作物生长状态、土壤肥力变化、病虫害情况等，从而为精准农业决策提供有力支持。无论是优化灌溉系统、合理施肥，还是及时防控病虫害，都离不开数据分析的支撑。农业高光谱、热红外、三维点云以及数字图像等数据分析与实践，则为农业生产提供了更为精细化、可视化的支持。高光谱数据可用于作物营养成分监测与病虫害早期诊断；热红外数据有助于分析作物水分状况与温度应力；三维点云数据能够精准呈现农田地形与作物三维结构，为自动化农机作业提供导航；数字图像分析可快速识别作物生长异常与杂草分布。

数据分析在智能农业中的重要性还体现在优化决策制定方面。基于数据分析结果，农业从业者能够选择最优的种植品种、确定适宜的种植密度与时间，从而实现农产品产量与品质的提升，降低生产成本，减少资源浪费与环境污染。

展望未来，智能农业数据分析将在智慧农业中发挥更为关键的作用。随着技术的不断进步，数据分析将更加精准、高效、实时。大数据与人工智能技术的深度融合，将使农业生产系统具备更强的自学习与自适应能力，能够根据实时数据自动调整生产策略，实现农业生产的智能化管理与精准控制。同时有望实现农业资源的高效利用，最大限度地减少浪费和环境影响，进一步保障粮食安全和农产品质量。希望这本教材能成为您探索智能农业数据分析领域的得力助手，共同开启智慧农业新篇章。

本教材得到"扬州大学农学专业江苏省产教融合型品牌专业建设工程资助项目"的资助。

编 者

2024年12月

目　录

第一章　农业数据的类型 ………………………………………………… 1

　　第一节　农业生物数据 ……………………………………………… 2

　　第二节　农业气候数据 ……………………………………………… 3

　　第三节　农业土壤数据 ……………………………………………… 4

第二章　智能农业数据获取 ……………………………………………… 6

　　第一节　基于传感器的农业数据获取 ……………………………… 6

　　第二节　农业高光谱数据获取 …………………………………… 12

　　第三节　农业热红外数据获取 …………………………………… 16

　　第四节　农业三维点云数据获取 ………………………………… 22

　　第五节　农业数字图像获取 ……………………………………… 24

第三章　常规农业数据分析与实践 …………………………………… 29

　　第一节　软件介绍 ………………………………………………… 29

　　第二节　数据分析流程 …………………………………………… 30

　　第三节　实践案例 ………………………………………………… 30

第四章　农业高光谱数据分析与实践 ………………………………… 37

　　第一节　软件介绍 ………………………………………………… 37

　　第二节　数据分析流程 …………………………………………… 39

　　第三节　实践案例 ………………………………………………… 53

第五章 农业热红外数据分析与实践······61

第一节 热像仪成像原理及产品介绍······61
第二节 FLIR Tools软件介绍及应用······73
第三节 实践案例······87

第六章 农业三维点云数据分析与实践······93

第一节 软件介绍······93
第二节 实践案例······123

第七章 农业数字图像分析与实践······127

第一节 软件介绍······127
第二节 数据分析流程······139
第三节 实践案例······147

第八章 其他农业数据分析方法······160

第一节 软件介绍······160
第二节 常用数据介绍······162
第三节 实践案例······164

附图······181

第一章　农业数据的类型

农业是利用太阳光的能量，通过生物转化，生产人们需要的产品，即食物、工业原料和生物能源；又通过生物本身的存在（如森林、草地），改造自然，创造一个人类和生物本身所需要的理想环境。广义的农业包括种植业、畜牧业、渔业、林业和副业，狭义的农业，是指种植业。本教材主要涉及狭义农业数据的分析综合实践。

广义上，一切可以通过观察、试验或计算得出结果的信息都可称为"数据"，不只包括最常见的数字，还包括文字、图像、声音等多种形式。在统计学意义上，数字类型的数据（变量）可概括为三类，包括连续数据、类别数据和序列数据；连续数据是指数值型变量且数值连续不间断，例如作物产量；类别数据主要指名称等没有数值的变量，但常用数字表征，例如在表示颜色时，可以将不同颜色设置为不同整数；序列数据是介于连续数据与类别数据之间的变量，与类别数据的主要区别在于序列数据反映了变量内在的顺序，例如在表示程度时，可定义为数字数值越大，程度越深。类别数据和序列数据是非连续数据的两种不同形式。农业研究中连续数据占绝大部分，随着智慧农业的发展，测定手段及监测技术的进步也增加了农业研究中非数字数据的比例，例如遥感影像、温度热图等。根据数据获取的方式不同，可分为观测数据和试验数据两类，观测数据是指在自然的未被控制的条件下观测得到的，而对于一些问题，比如不同肥料条件下某作物的产量有无差别，则需要在人工干预的情况下设计特定试验，以这样的方式收集得到的数据称为试验数据，在农业研究中，多以试验数据为主。

农业的研究对象是农业系统中的生物、非生物要素及其整体。生物要素主要包括农业系统中的植物、动物和微生物，其中，植物是最主要的研究对象。植物包括目标产物，即粮食作物、经济作物、蔬菜作物、绿肥作物、饲料作物、牧草、花卉等园艺作物，以及非目标植物，如杂草等。非生物要素主要指与农业生产活动相关的环境要素，如土壤、温度、降水、大气等。本书将农业研究中涉及的用来描述研究对象属性的数据统称为农业数据。

第一节　农业生物数据

农业的劳动对象是有生命的动物、植物和微生物，获得人类所需要的生物产品是农业生产的首要目的，此外，农业系统具有半人工、半自然的特性，农业生产的目标生物产品不可避免受到系统中其他生物的影响，甚至对所获取目标产品具有决定性作用。因此，生物是农业研究中最重要的对象，包括目标生物和非目标生物，描述生物性状的属性数据称为生物数据。

农业目标生物是农业产业的首要目标，目前对于目标生物的研究非常全面，涵盖了整个生命周期的全部过程。例如，研究水稻时，水稻产量和稻米品质是研究者最关心的性状，描述产量的属性数据包括产量构成（穗数、穗粒数、千粒重等）、单位产量、单位面积产量、收获指数等；描述品质的属性数据包括碾米品质（糙米率、整精米率等）、外观品质（垩白度、长宽比、不完整米率等）、食味品质（直链淀粉含量、支链淀粉含量、蛋白质含量等）、加工品质等。当然，水稻生长发育过程直接决定着水稻最终产量和品质的形成，研究者往往关注水稻关键生育期、关键过程的生长生理指标，例如出苗率、出苗均匀度、成活率、有效分蘖数、花前花后的干物质转运量、干物质转运效率、颖花分化、颖花数等。人类对于不同作物的需求不同，因此不同作物的重要生物数据不同，例如，牧草要关注其发酵品质，花卉要关注其外观颜色和气味性状等。对于生物的研究，除了涵盖整个生命周期，还涉及从宏观到微观的不同层次水平，从作物基因型到表型。作物基因型是指作物的基因组成，即品种，如氮高效品种、低排放品种等，作物基因型的研究对作物性状改良具有重要意义，现已从单个基因及其功能的研究转向功能基因组学的研究。作物表型是指基因型和环境决定的形状、结构、大小、颜色等作物植株的外在性状，不仅局限于农艺性状，还包括植株表现出来的生理状态。

农业系统中的非目标生物是决定目标生物的重要环境因素，也是农业研究的主要关注点。掌握农田杂草、害虫种类及其生物学特性，有利于采用针对性的技术手段实现精准、高效、生态的除草除害，以保证目标作物的养分、光照等资源充足，保证目标作物的产量及品质。明确土壤微生物、动物的生理和行为特性及其与作物根系及养分吸收的关系，有助于实现土壤养分的高效利用、节约外源化肥投入等，对农业系统健康、绿色发展大有裨益。

第二节 农业气候数据

　　农业生产在很大程度上依赖气候环境，俗语所言"靠天吃饭"正说明风调雨顺是五谷丰登的重要保障。自古以来，华夏大地上的人们就把天象变化和农业兴衰紧密联系在一起，创造出了"二十四节气"，其中蕴含着古人观察气候与农业生产所得到的关系结果，至今仍是农事活动的重要参考。例如，芒种是二十四节气中第九个节气，这个时节气温显著升高，雨量充沛，空气湿度大，是"有芒之谷类作物可种"的时节，民谚"芒种不种，再种无用"，说明过此时节会耽误农时，之后种植的成活率会降低。

　　对农业生产具有决定性作用的气候要素包括气温、降水和光照等。气温主要包括平均气温、积温、昼夜温差等，一般将日均温≥10℃持续期间日平均气温的总和称为积温，并据此划分了我国六个温度带，高原气候区部分地区可实现一年一熟，主要种植青稞；寒温带和中温带的作物熟制为一年一熟，主要作物为春小麦、大豆、玉米、甜菜、马铃薯等；暖温带的作物熟制为两年三熟或一年两熟，主要种植冬小麦、棉花、花生等；亚热带为一年两熟到三熟，主要种植水稻、冬小麦、油菜等；热带的作物熟制为一年三熟，主要种植水稻、甘蔗、天然橡胶等。我国农业大致以800 mm年等降水量线为界，南方为水田农业，北方则为旱作农业；以400 mm等降水量线为界，东部为种植业区，西部为畜牧业区。光照是作物进行光合作用的能量来源，所谓"万物生长靠太阳"，影响作物生长的主要是光照强度和时长。不同作物对光照强度的需求不同，棉花、玉米、甘蔗等为喜光作物，适合在阳光充足的地方种植，茶、生姜、莴苣、韭菜等是耐阴作物，所需光照较弱；不同作物生长发育对昼夜长短的反应不同，具有光周期现象，例如，棉花、水稻等为短日照作物，麦类、菠菜等为长日照植物。因此，气温、降水、光照决定着作物熟制、布局，以及产量和品质，气温数据、降水数据及光照数据是研究者主要关注的气候数据。

　　气候与农业生产息息相关，自古皆然，而今尤甚。在经历了一个多世纪的工业化、砍伐森林和大规模的农业生产之后，人类活动造成了大量温室气体排放到大气中，达到了300万年来前所未有的水平，全球气候变暖已成为不争的事实。2021年IPCC第六次评估报告中明确人类活动的影响毋庸置疑使得大气、海洋和陆地变暖。从工业化前时代以来，全球平均温度已经上升了约1.1℃，按照目前的二氧化碳排放形势，21世纪末全球温度会升高3~5℃。气候变化在全球范围内造成了规模空前的影响，天气模式改变导致粮食生产面临威胁，海平面上升造成发生灾难性洪灾的风险也在增加。例如，农业受到了气候变暖的影响和极端事件频发的威胁,近几十年来,"温水双增"带来了"种植带北移"现象,原先不能种植某种作物的地方,现在可以种植了。再如,2021年7月河南特大暴雨灾害造成花生、玉米受灾面积合计超千万亩(1亩≈667 m^2,全书同),中国储备粮管理集团有限公司河南郑州、新乡、开封多地粮食库区受暴雨影响,出现内涝、外墙坍塌、积水等情况。气候与农业联系紧密,无论过去还是现在,无论实际生产还是科学试验,都需要研究气候的特点及其变化,以充分利用气候条件、规避气候变化对农业生产的不利影响。

第三节　农业土壤数据

土壤是人类赖以生存的物质基础,是具有生命的历史自然体,是承载农业生产的重要资料。华夏文明自古以来对土地(壤)具有浓厚的情感和充分的认识,《周礼》将"土"与"壤"分开阐述,认为"土"是自然的土壤,而"壤"则是由"土"变成的,是一个发展的概念,具有人为耕种的含义。《农书》有言:"风行地上,各有方位,土性所宜,因随气化,所以远近彼此之间,风土各有别也",这里的"风土"主要指土壤。作物的生长需要从土壤中吸收养分、水分,合成有机物质(粮食、棉花、蔬菜、水果、药材)以及其他人类赖以生存的必需品。

土壤是指地球表面的一层疏松的物质,由岩石风化而成的矿物质、动植物、微生物残体腐解产生的有机质,土壤生物,水分,空气等组成。描述与土壤物理、化学、生物特性及其整体功能相关的所有数据统称为土壤数据,是研究者关注的重点。土壤物理性质包括土壤容重、土壤孔隙度、土壤紧实度、土壤水分、土壤温度、土壤结构、土壤机械组成等;土壤化学性质包括土壤酸碱度、土壤氧化还原性、土壤有机质、土壤养分含量、土壤质地等;土壤生物是指土壤中活的有机体,参与土壤的形成和演变,包括土壤微生物和土壤动物,前者主要有细菌、真菌、放线菌、藻类等,后者主要包括节肢动物、环节动物等无脊椎动物。土壤物理、化学和生物特性之间相互作用,相互影响,形成了具有整体功能和特性的统一体。

土壤健康是农业生产、生物多样性保护和环境服务功能的重要保障,人类工业化发展影响着土壤健康。据报道,全球110个国家可耕地的肥沃程度都在降低,由于土地开垦、过度放牧、化肥农药等过量施用,造成了土壤退化、土壤流失、土壤污染等严重问题。近年来,土壤问题得到了广泛关注,例如,2021年6月,农业农村部等七部门印发了《国家黑土地保护工程实施方案（2021—2025年）》，提出要在2021—2025年，实施黑土耕地保护利用面积1亿亩。要解决土壤的问题，需要研究者加强对于土壤各方面特性及其功能的认识，为土壤健康的保护和恢复提供科学依据。

课后习题

1. 解释农业目标生物与非目标生物的区别，并举例说明它们在农业生产中的作用。
2. 气候变化如何影响农业生产？请结合实例说明气温、降水和光照对作物熟制、产量和布局的影响。
3. 描述土壤的物理、化学和生物属性，并解释这些属性如何共同作用以支持农业生产。

参考文献

郭婷，2018. 土壤数据服务 助力现代农业发展[J]. 上海信息化（5）：58-61.

黄全高，2021. 基于物联网的农作物生长监测数据融合仿真[J]. 计算机仿真，38（7）：381-384.

纪兆华，尹成伟，王春云，等，2021. 农业生物数据分析初探[J]. 种子科技，39（17）：36-37.

琚书存，程文杰，徐建鹏，等，2018. 农业气象物联网数据采集系统[J]. 计算机与现代化（9）：105-109.

李天芳，2015. 中国农业对气候变化的适应性研究：来自县级和农户面板数据的证据[D]. 南京：南京农业大学.

刘海洋，方沩，陈彦清，等，2019. 区块链在农作物种质资源数据管理中的应用初探[J]. 农业大数据学报，1（2）：105-113.

王甜，李旭辉，杨开世，等，2021. 基于Spring的土壤检测及数据分析系统[J]. 电脑知识与技术，17（30）：132-133.

朱亮，钟艳雯，贺炜，等，2019. 基于分布式的农业气象大数据平台设计与实现[J]. 湖北农业科学，58（6）：128-130.

第二章 智能农业数据获取

农业数据的智能获取是农业数据实践操作的基础部分，包括来自田间传感器的数据、高光谱数据、热红外数据、三维点云数据和RGB图像数据等。

第一节 基于传感器的农业数据获取

传统的农业数据获取主要通过手工取样、测量、实验室测定分析，利用传统方法能够测定和监测的属性或指标有限，并且工序繁杂、劳动量大、耗时长。随着科学技术的进步，各种检测装置被逐渐应用于农业数据获取。传感器是能够感受规定的被测量并按照一定规律（数学函数法则）转换成可用信号的检测装置器件，它让物体有了触觉、味觉和嗅觉等感官，让物体慢慢活起来。通常根据其基本感知功能分为热敏元件、光敏元件、气敏元件、力敏元件、磁敏元件、湿敏元件、声敏元件、放射线敏感元件、色敏元件和味敏元件十大类。因具有微型化、数字化、智能化、多功能化、系统化、网络化的特点，传感器被广泛用于农业环境监测、温室生产控制、节水灌溉、天气监控、产品安全性和可追溯性。农业传感器大体可以分为土壤传感器、水质传感器、大气环境传感器等。

气候是影响作物生长的关键因素，由于田间小气候空间异质性高，大尺度的气候数据并不能精准反映田块尺度下的实际气候，因此，研究者常需要对田间小气候进行动态观测。农田气象站（观测系统）可以基于有线或无线传输数据采集终端和智能数据接收、管理、控制软件，配置采集大气温度、湿度、风速、风向、气压、雨量、辐射、土壤湿度、土壤温度等气象环境传感器，形成的一套针对性强、管理清晰、控制便捷、功能强大的独特监测控制系统（图2.1）。可采用多节点、多级采集传输模式，形成田间气候数据库。农田气象站（观测系统）是综合的检测装置，研究中针对某些具体问题还需要便携式的快速检测仪器,如土壤温湿度计、土壤氧化还原计、土壤pH计等。

图2.1　农田气象站(观测系统)

一、太阳辐射信息采集

太阳以电磁波的形式向外传递能量,称为太阳辐射。太阳辐射所传递的能量,称为太阳辐射能。太阳辐射测量仪的主要功能是进行太阳总辐射照度、红外辐射照度、紫外辐射照度等的测量。总辐射传感器与红外辐射传感器工作原理均基于热电效应,感应件由感应面和热电堆组成,感应元件为快速响应的线绕电镀式热电堆,感应面涂3M无光黑漆。当涂黑的感应面接收辐射增热时,称为热结点,没有涂黑的一面称为冷结点,当有太阳光照射时,产生温差电势,输出的电势与接收到的辐照度成正比。紫外辐射传感器的测量原理是光电效应,在一定频率的光照下,物质内部的电子吸收光子的能量从物质表面溢出,产生光生电流。因此,紫外辐射传感器使用对紫外波段敏感的光电器件,可将紫外光辐射照度转换为与之对应的电压。

二、空气温度信息采集

国内普遍采用的测温传感器主要包括四类,分别为热电偶、铂电阻、热敏电阻以及半导体数字式温度传感器。

农田温度传感器中的敏感元件常用的是热敏电阻和半导体数字式温度传感器,分别利用其电阻或电压与温度的线性关系来检测温度信息。热电偶测温的基本原理是两种不同成分的导体或半导体组成闭合回路,当两端存在温度梯度时,回路中就会有电流通过,此时两端之间就存在电动势——热电动势,这就是所谓的塞贝克效应(Seebeck effect),根据热电动势与温度的函数关系,制成热电偶分度表。铂电阻气温传感器是将铂电阻丝烧制在细小的玻璃棒或者瓷板上,外面有金属保护管。0℃时铂电阻的电阻值为100 Ω,铂电阻的电阻值随温度升高呈非线性增大,经过标定就可求出不同电阻时的温度值。铂电阻地温传感器与气温传感器测量原理相同,需要埋入浅层土壤中观测5~20 cm地温。

三、空气湿度信息采集

空气湿度测量方法是指测量空气中水汽含量的多少或空气干湿程度的方法。目前,气体湿度测量常用的方法有干湿球法、露点法和吸湿法等。

(一)干湿球法

干湿球湿度计由两支相同的温度计组成,一支称为干球温度计,暴露在气体中,用以测量环境温度;另一支为湿球温度计,其温泡用湿球纱布套包裹,并与盛有纯水的容器相连或临时加水,纱布套上的水不断蒸发。由于水蒸发需要吸收热量,从而使湿球的温度下降。根据道尔顿蒸发定律,湿球水蒸发的速度与其周围气体的水汽含量呈某种函数关系。干湿球湿度计利用这一现象,通过测量干球温度和湿球温度来确定气体湿度。

根据测得的干球温度、湿球温度及通过湿球表面的气体绝对压力,可按公式计算气体中水蒸气的分压力,然后再根据所测气体的绝对压力,求出气体中水蒸气含量的体积百分数。

$$P_w = P_{bv} - A(t_c - t_b)P_b$$

式中,P_w为气体中水蒸气的分压力,kPa;P_{bv}为湿球温度下的饱和水汽压,kPa;A为干湿球系数;t_b为湿球温度;t_c为干球温度;P_b为通过气球表面的气体绝对压力,kPa。

(二)露点法

该原理可以叙述为:当一定体积的湿空气在恒定的总压力下被均匀降温,直到空气中的水汽达到饱和状态,该状态叫作露点;在冷却的过程中,气体和水汽两者的分压力保持不变。如果空气的温度是T_a,露点的温度为T_d,则湿空气的相对湿度U可以通过下式算出:

$$U = \frac{在露点温度(T_d)时的饱和水气压}{在原来温度(T_d)时的饱和水气压} \times 100\%$$

式中,饱和水汽压的数值可以通过查表得到。随着科学技术的发展,露点技术臻于完善。现代的光电露点仪采用热电制冷,并且可以自动补偿零点和连续跟踪测量露点。高精度露点仪在一般湿度范围的测量准确度可达±1℃露点温度。

（三）吸湿法

吸湿法测量相对湿度的基本原理是基于某些材料的物理性质随环境湿度的变化而变化。这些材料具有其本身含湿量与周围环境的含湿量相一致的能力，随着环境湿度的变化，它们可以从环境中吸收水分或挥发掉过量的水分。当材料的含湿量改变时，其某些物理性质（如电阻、电容）或几何形状或尺寸（如长度）将随之发生变化。根据这些物理参数与湿度的关系，即可确定被测环境的湿度值。

除以上外，空气湿度测量传感器还有金属氧化物膜湿敏传感器、微波式湿度传感器、红外线吸收式湿度传感器。随着新兴学科的不断涌现，纳米技术、石墨烯（单层碳原子薄膜）技术也融入了湿度测定。新型纳米材料已经应用于湿度传感器领域，正逐渐成为成熟的湿度敏感材料。

四、风向与风速信息采集

（一）风向信息采集

风向传感器是以风向箭头的转动探测、感受外界的风向信息，并将其传递给同轴码盘，同时输出对应风向相关数值的一种物理装置。通常风向传感器主体都采用风向标的机械结构，当风吹向风向标尾部的尾翼时，风向标的箭头就会指向风吹过来的方向。为了保持对于方向的敏感性，同时还采用不同的内部结构辅助传感器辨别方向。通常有以下三类。

1. 电磁式风向传感器

利用电磁原理设计，由于种类较多，所以结构有所不同，目前部分此类风向传感器已经开始利用陀螺仪芯片或者电子罗盘作为基本元件，其测量精度得到了进一步提高。

2. 光电式风向传感器

这类风向传感器采用绝对式格雷码盘作为基本元件，并且使用了特殊定制的编码，以光电信号转换原理，可以准确输出相对应的风向信息。

3. 电阻式风向传感器

这类风向传感器采用类似滑动变阻器的结构，将产生的电阻值的最大值与最小值分别标成360°与0°，当风向标产生转动的时候，滑动变阻器的滑杆会随着顶部的风向标一起转动，根据产生的不同电压变化计算风的角度或者方向。

（二）风速信息采集

风速传感器是一种可以连续测量风速和风量（风量=风速×横截面积）大小的常见传感器。风速传感器大致分为机械式（主要有螺旋桨式、风杯式）风速传感器、热式风速传感器、皮托管风速传感器和基于声学原理的超声波风速传感器。

1. 螺旋桨式风速传感器

对准气流的叶片系统受到风压的作用，产生一定的扭力矩使叶片系统旋转。通常螺旋桨式风速传感器通过一组三叶或四叶螺旋桨绕水平轴旋转来测量风速，螺旋桨一般装在一个风标的前部，使其旋转平面始终正对风的来向，它的转速与风速成正比。

2. 风杯式风速传感器

风杯式风速传感器，是一种十分常见的风速传感器，最早由英国鲁宾孙发明。感应部分是由三个或四个圆锥形或半球形的空杯组成。空心杯壳固定在互成120°的三叉星形支架上或互成90°的十字形支架上，杯的凹面顺着一个方向排列，整个横臂架则固定在一根垂直的旋转轴上。当风杯转动时，带动同轴的多齿截光盘或磁棒转动，通过电路得到与风杯转速成正比的脉冲信号，该脉冲信号由计数器计数，经换算后就能得出实际风速值。目前新型转杯风速表均是采用三杯的，并且锥形杯的性能比半球形的好，当风速增加时转杯能迅速增加转速，以适应气流速度，风速减小时，由于惯性影响，转速却不能立即下降，旋转式风速表在阵性风里指示的风速一般偏高。

3. 热式风速传感器

热式风速传感器以热丝（钨丝或铂丝）或是以热膜（铂或铬制成薄膜）为探头，裸露在被测空气中，并将它接入惠斯顿电桥，通过惠斯顿电桥的电阻或电流的平衡关系，检测出被测截面空气的流速。

热式风速传感器有恒流与恒温两种设计电路。恒温式热线风速传感器较为常用，原理是测量过程中保持热丝温度恒定，使电桥平衡，此时热丝电阻保持不变，气流速度只是电流的单值函数，根据已知的气流速度与电流的关系可求得通过末端装置的气流速度。恒流式热线风速传感器在测量过程中保持流经热丝的电流值不变，当电流值不变时，气流速度仅与热丝电阻有关，根据已知的气流速度与热丝电阻的关系可求得通过风速传感器的气流速度。

4. 皮托管风速传感器

皮托管，又名"空速管""风速管"，是测量气流动压和静压以确定气流速度的一种管状装置，由法国工程师皮托（Pitot Henri，1695—1771）发明而得名。皮托管是一种间接测量法，在测量的过程中，使气流流向与皮托管管口保持一致时，测量该处的动压与静压，再运用经典流体力学知识，计算出风速，在差压计上显示。皮托管测量更适合应用于平稳气流的测量，其构造简单、加工程序简单、制造成本较低、操作简单易用。但是其主要缺点是，当被测流体中还有尘埃时，皮托管的感压孔容易被堵塞，并且测量结果容易受流体自身的性质影响，例如温度、密度等，此外，当流体速度较低时，测量误差较大。

5. 超声波风速传感器

超声波风速传感器的工作原理是利用超声波时差法来实现风速的测量。由于声音在空气中的传播速度会和风向上的气流速度叠加。假如超声波的传播方向与风向相同，那么它的速度会加快；反之，若超声波的传播方向与风向相反，那么它的速度会变慢。所以，在固定的检测条件下，超声波在空气中传播的速度可以和风速函数对应。通过计算即可得到精确的风速和风向。超声波风速风向仪是一种较为先进的测量风速风向的仪器，它具有重量轻、没有任何移动部件、坚固耐用的特点，而且不需维护和现场校准，能同时输出风速和风向。由于它很好地克服了机械式风速风向仪固有的缺陷，因而能全天候、长时间正常工作，越来越广泛地得到使用。

风向传感器和风速传感器虽然是两种完全独立的传感器，但大多数情况下，这两种传感器是整合在同一测量设备中，通过综合处理数据信息，共同发挥作用的。

（三）土壤热通量信息采集

土壤热通量是指土壤中单位时间内在单位面积上发生的土壤热量交换，当土壤吸收热量时，土壤热通量为正；当土壤释放热量时，土壤热通量为负。土壤热通量传感器采用热电堆测量温度梯度，该热电堆由两种不同的金属材料组成。热电堆探测器接收热辐射，热辐射能使两个不同材料结点之间产生温差电势，以电压的形式输出，电压正比于热通量，其输出电压为毫伏信号。

（四）降雨信息采集

常用自动测量雨量的传感器有翻斗式雨量传感器和双阀容栅式雨量传感器。翻斗式雨量传感器主要由承水器、过滤漏斗、翻斗、干簧管和底座等组成。降雨通过承水器、过滤漏斗流入翻斗里，当翻斗流入一定量的雨水后，翻斗翻转倒空斗里的水，每次翻转动作通过干簧管转换成脉冲信号（1脉冲为0.1 mm）传输到采集器，记录翻斗翻转次数（每次为0.1 mm降水量），进而就可推算出降水量。双阀容栅式雨量传感器主要由承水器、储水室、浮子与感应极板以及信号处理电路组成。利用储水室内浮子随雨量上升带动感应极板，使容栅移位感应器产生电容量的变化，经转换为位移计量数据就可得到降水量的值。

（五）蒸发信息采集

自动气象站测量蒸发用的传感器主要是浮子式数字水面蒸发传感器、超声波蒸发传感器和压力式蒸发传感器。

浮子式数字水面蒸发传感器由绝对值型光电开关旋转编码器、测轮、测缆、平衡锤、浮子、静水桶、连通管、水平泡、传输电缆、圆形支板、防护罩、自动补排水装置等部分构成。传感器的静水桶通过连通管与蒸发器的蒸发桶连通，电编码器安装于静水桶上端的圆形支板上，测缆悬挂于编码器测轮上，浮子安装在静水桶内。当蒸发桶中的水面蒸发引起水位下降时，静水桶中的水面同步下降，浮子即拉动测缆带动测轮和编码器旋转，编码器即可输出与水面下降量相对应的编码数据。当蒸发桶或蒸发池中的水位下降，蒸发传感器静水桶中的水位同步下降，浮子带动编码器旋转测得变化量输出，当蒸发桶中的水位低到某一预定值时，通过控制设备可以启动补水装置或人工予以补水。当有降水时，蒸发桶中的水位上升到某一预定高度，通过控制装置可以启动排水装置或人工予以排水。静水桶中的水位数值始终可以受到监控。采集器通过采集对应时段范围内的水位变化量，计算出时段水面蒸发量。

超声波蒸发传感器由超声波传感器和不锈钢圆筒组成，应用高精度超声波探头，根据超声波测距原理，能够自动测量蒸发筒内水面高度的连续变化，采集器自动计算出每小时和每天的蒸发量，并自动减去同时段内的降水量。测量范围为 0~100 mm，分辨率为 0.1 mm，测量准确度为 ±1.5%。

压力式蒸发传感器通过测量蒸发皿内液体重量变化，再计算出液面高度，从而测得蒸发量。蒸发量传感器能够适应各类环境的水面蒸发测量，不受液体结冰的影响，克服了使用超声波原理测量液面高度时出现的结冰时测量不准、无水时易损坏传感器、测量精度低等弊端。

随着生物科学、信息科学和材料科学发展成果的推动，生物传感器技术飞速发展。生物传感器是将生物体的成分（酶、抗体、抗原、激素）或生物体本身（细胞、组织、核酸等）固定在一器件上作为敏感元件的检测装置。生物传感器包括敏感膜（分子识别元件）、换能器（传送和转换）和信号处理器三个部分。具有测定范围广、专一性强、灵敏度高等优点，被广泛应用于农业数据的获取。例如，可利用微生物传感器测定生化需氧量，通过用微生物代谢作用所消耗的溶解氧量来间接表示水体被有机物污染的程度。

第二节　农业高光谱数据获取

一、高光谱图像获取

（一）图像获取设备

试验采用大疆公司生产的经纬M600Pro无人机作为高光谱图像采集平台，经纬M600Pro无人机的高负荷、高性能、长待机等优点，为图像获取提供稳定的环境（图2.2）。

图2.2　经纬M600Pro无人机

经纬M600Pro无人机具体参数如表2.1所示。

表2.1　经纬M600Pro无人机性能参数

技术名称	具体参数	技术名称	具体参数
推荐最大起飞重量	15.5 kg	最大水平飞行速度	65 km/h（无风环境）
悬停精度（P-GPS）	垂直：±0.5 m，水平：±1.5 m	最大俯仰角度	25°
适配DJI云台	Ronin-MX，Zenmuse Z30，Zenmuse X3，Zenmuse X5/X5R	动力系统	动力电机型号：DJI6010；螺旋桨型号：DJI2170R
最大上升速度	5 m/s	工作环境温度	−10 ~ 40 ℃
最大下降速度	3 m/s		

高光谱图像采集利用四川双利合谱科技有限公司生产的GaiaSky-mini机载高光谱相机（图2.3）。此相机利用大疆如影云台连接，搭载在无人机上，可获取400 ~ 1 000 nm波段的高光谱图像。具体技术参数如表2.2所示。

图2.3　GaiaSky-mini机载高光谱相机

表2.2 GaiaSky-mini机载高光谱相机参数

型号	结构	光谱范围	光谱分辨率（30 μm）	图像分辨率	镜头
GaiaSky-mini	集成一体化设计	400～1 000 nm	3.5 nm	960×1 040	18.5 mm，23 mm

（二）图像获取过程

图像获取前，利用DJI GS Pro（地面站，Ground Station）进行航线规划和航点设计。由于高光谱相机本身的特点，按航点规划航线，需根据目标区域的经纬度坐标、航点重叠度、航线重叠度及飞行高度等因素进行航点设置。通过前期的测试，在研究中把无人机飞行高度设定为100 m，航点重叠度设置为60%，航线重叠度设置为50%（图2.4）。

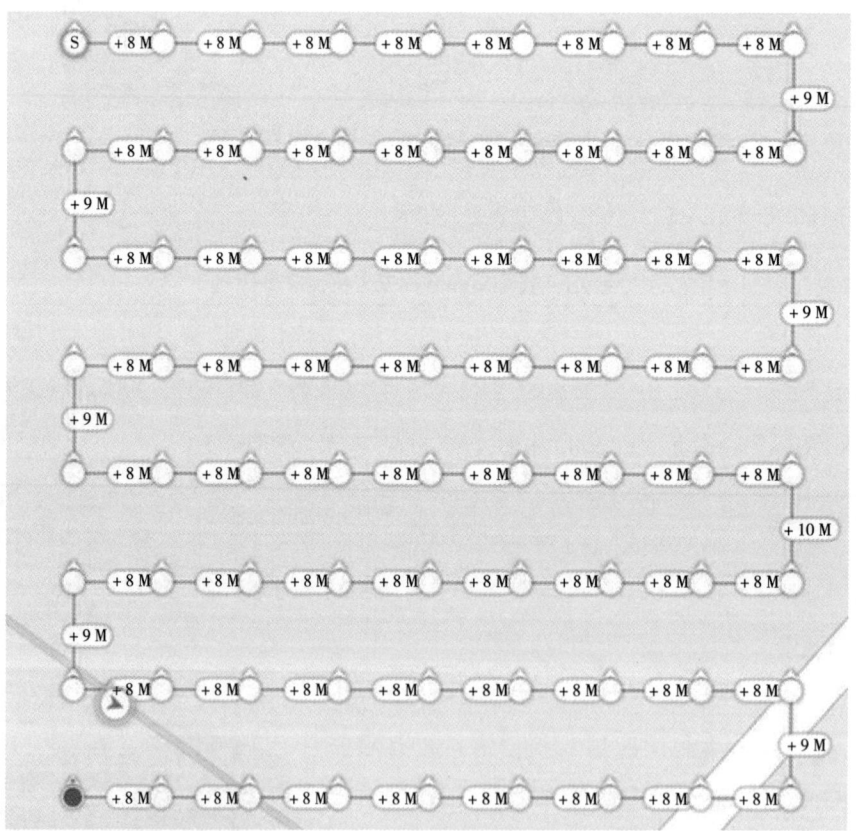

图2.4 航线规划（示意）

（三）图像预处理

图像采集后需利用SpecView软件进行图像校准。校准包括以下三个步骤：镜头校准、反射率校准及大气校准。经以上三步校准后的图像方可进行图像的进一步处理。

二、光谱曲线的提取

（一）工具

ENVI（The Environment for Visualizing Images），是美国Exelis Visual Information Solutions公司出品的一款遥感图像处理软件，该软件功能强大，可以满足使用者的绝大多数需求。

本书使用ENVI 5.3版本对高光谱图像进行处理和光谱曲线的提取。

（二）方法

利用ENVI软件将预处理过的图像打开，软件内提供的工具箱（Toolbox），为图像分析提供很多便捷的方法。工具箱中的光谱（Spectral）选项可以获得几种常见的植被指数，对于一些工具箱中没有的植被指数，可以通过Band Algebra工具添加植被指数公式，并由此计算所需的植被指数值。

三、植被指数的分类

根据不同植被指数的用途，将众多常见、常用的植被指数进行简单的分类，主要包括营养诊断类、农学参数类（生物量、叶面积等）、生理指数类、结构指数类，具体提取公式如表2.3所示。

表2.3 常见植被指数

类型	指标	植被指数	公式
营养诊断	氮	光谱比率指数RSI	RSI=D740/D522，740 nm与522 nm一阶导数比值
		优化归一化指数NDIopt	NDIopt=（R503-R483）/（R503+R483）
		归一化植被指数NDVI	NDVI=（RNIR-Rred）/（RNIR+Rred）
		差值光谱指数DSI	DSI=R564-R684；R681-R707
		冠层叶绿素含量指数CCCI	CCCI=（NDRE-NDREmin）/（NDREmax-NDREmin）
农学参数	生物量	归一化差异光谱指数NDSI	NDSI=（R788-R756）/（R788+R756）
		比值植被指数RVI	RVI=RNIR/Rred
		绿色归一化植被指数GNDVI	GNDVI=（R801-R550）/（R800+R550）
		特征色素简单比值指数PSSRc	PSSRc=R800/R470
	叶面积	叶绿素指数-绿色CIg	CIg=（RNIR/Rgreen）-1
		归一化植被指数NDVI	NDVI=（RNIR-Rred）/（RNIR+Rred）
		红边叶绿素指数CIred-edge	CIred-edge=RNIR/Rgreen-1
		MERIS陆地叶绿素指数MTCI	MTCI=（RNIR-Rred-edge）/（Rred-edge-Rred）

表2.3（续）

类型	指标	植被指数	公式
生理指数	叶绿素	修正叶绿素吸收指数MCARI	MCARI=[(R700−R670)−0.2(R700−R550)]×R700/R670
		比值植被指数RVI	RVI=RNIR/Rred
		三角绿色指数TGI	TGI=−0.5×[(670−480)×(R670−R550)−(670−550)×(R670−R480)]
		差值植被指数DVI	DVI=R714−R667
	水分	归一化水分指数NWI	NWI=(IR−MR)/(IR+MR)
		水分指数WI	WI=R970/R900
	类胡萝卜素	红边位置REP	在红边和近红外波段之间的最大斜率
结构指数	株高	Dy	黄边覆盖550~582 nm，Dy是黄边内一阶微分光谱中的最大值
		三角植被指数TVI	TVI=0.5×[120(RNIR−Rgreen)−200(Rred−Rgreen)]
		复归一化差值植被指数RDVI	RDVI=NDVI×DVI

第三节　农业热红外数据获取

作物植株温度或体温又称冠层温度，是指农田作物层不同高度叶片和茎秆表面温度的平均值。冠层温度是农田作物活动层与周围环境进行能量交换的结果，其作为一项重要参数，可用于研究土壤、作物及大气之间的水热交换。因此，探索作物冠层温度变化规律及其与周围温度、光照、水分等环境因素的关系，可以揭示不同基因型作物品种的温度差异机理，同时为农田水、肥等管理提供有效指导，对有效监测作物生长具有重要的实践意义。

作物冠层温度与水分胁迫密切相关，是反映作物水分盈亏状况的有效指标，因此，可以将作物冠层温度数据转化为植株水分信息，利用温度定量分析作物水分胁迫指数，以此评价作物水分胁迫情况。在此基础上，冠层温度可作为农田干旱分析评估的生理指标，同时是作物抗旱育种的重要指标，是制定科学灌溉制度的重要依据之一。肥料对冠层温度也有一定影响，可以利用作物冠层温度检测作物施肥量，指导农业生产，提高肥料利用率及精准农业的发展。由于高温胁迫会使作物籽粒早熟、败育，可以利用测量的作物表面温度，选育耐热性作物品种。此外，冠层温度与产量也有一定相关性。因此，作物冠层温度可应用于耐热性基因型作物筛选、抗旱基因型作物选育、作物高产品种筛选、优良品质品种选育，为作物水肥管理开辟新途径。

冠层温度的测量方法有热电阻、电偶法、红外测温法和红外热成像。目前，红外测温法是测量农田尺度和区域范围作物温度常用的方法，相比于传统的接触式测温仪如热电阻、电偶等在进行测量时需要经过一定时间达到热平衡，存在延迟现象的局限性，红外测温法具有反应速度快、方便、使用范围广等优点。20世纪70年代，Tanner首次提出使用红外测温仪测定作物冠层温度，随着红外测温技术的形成与完善，国内外许多学者也利用红外测温仪开展了作物冠层温度相关研究。从20世纪80年代初到20世纪90年代初，随着数字红外成像技术的发展，植物表面温度的相关研究越来越广泛。红外测温仪和红外成像仪都是利用辐射原理工作，都能进行测温，但红外测温仪测量的是小范围温度的平均值，热成像仪能够显示大范围温度分布，可以看出温度差别，形成目标范围内物体红外图像，并且红外成像仪精度高于红外测温仪。

一、温度测量方法

（一）接触式

根据热平衡原理，两个物体接触足够长的时间后可以达到热平衡状态，温度必然相等，此方法要求温度传感器与叶片接触良好，此方法测温准确度高，但长时间接触后容易腐蚀传感器。

（二）非接触式

利用物体的热辐射可以随温度变化的原理测量温度，知道被测对象的发射率后根据辐射与温度关系计算被测物体的温度，此方法不改变作物的温场，不接触被测物体。传统的温度测量主要依靠温度计、温度采集器、红外测温仪等，这些方法只能实现单点测量，无法对特定区域的温度分布进行测量。将非接触式红外热成像系统用于农田作物温度的测定，为通过红外图像处理研究作物温度分布特征、为优良品种的选择提供了可行性，并且具有便携、快捷、适于进行大样本研究的优点。

温度数据获取可采用Therma CAM SC2000热像仪和Raytek MX系列手持式红外辐射仪。图像的像元数为320×240。其优点在于可以获得同一时刻的温度场分布，因此，组分温度可以直接从热红外图像上采样获得，避免了用点温计、手持式红外辐射计等同类仪器在空间和时间上观测不同步及破坏热平衡等问题。Raytek MX系列的手持式红外辐射计具有60∶1的高光学分辨率，能从更远的距离测量，或者测量更小的物体。

本书利用热像仪在飞行同步的20~30 min内每隔1~2 min对作物田块进行均匀采样。与此同时，还利用手持式红外辐射计采用垂直垄方向或顺垄方向进行连续测量，以得到田块辐射温度的平均值、最大值和最小值。这三种测量方式是较为典型的地面辐射温度的同步测量方案，在之前的各种遥感试验中被广泛采用。

二、热像仪数据处理

（一）组分温度提取方法

在研究作物热辐射方向特性中，目标分为土壤与植被两个类别，本书将以玉米为例进行介绍。

1. 手动提取法

利用热像仪配套软件Therma CAM Researcher2001，在热红外图像上直接提取，即参考光学相片手工勾勒出玉米植株"包络线"。提取作物组分时，尽量避开受土壤影响较大的叶片；除作物外的其余部分均默认为背景土壤。植被的结构在热红外图像上表现得比较明显，同时热像仪对温度的探测精度高，因此，可以在图上只选择典型区域分别代表作物和土壤，然后记录每张图像各组分的最大值、最小值及平均辐射温度。

2. 阈值提取法

阈值提取法分为两步完成，第一步确定每张图像的玉米及背景温度的最大值及最小值。利用Therma CAM Researcher2001中提取的相应组分的温度最大值和最小值来确定组分温度的初值，然后用自行编写的图像温度提取程序查看效果，最后进行局部温度调整，以实现温度的全面提取。第二步根据最值提取各图像组分温度并计算相应组分的平均值。最后，根据热像仪黑体定标公式：$y=1.006\ 1x-0.353$，$R^2=0.999\ 9$（来源于实验室定标）对热像仪进行辐射定标并计算各组分定标后的真实辐射温度值。

（二）田块平均辐射温度计算

利用热像仪得到玉米和背景的平均组分温度后，计算田块平均辐射温度还需要知道植被覆盖度这一参数。植被覆盖度是指植被（包括叶、茎、枝）在单位面积内植被的垂直投影面积所占总面积的百分比，即从目标地域上方垂直向下观测到的植被覆盖面积与观测区域总面积的比率。

1. 求算各样地的平均植被覆盖度

即利用数码相机从目标地域上方获取植物冠层照片，结合布设的标志物与影像分类技术提取照片视场范围的总面积与植被面积，并最终分别获得样区中四块作物田块的植被覆盖度。具体过程可分为野外拍照和计算机数字图像处理（真彩色照片进行LAB彩色空间变换）两个部分。

2. 野外拍照

在野外拍照时，选用3 m长度的吊杆将相机悬挂在观测区域上方，利用重力使相机保持垂直向下的拍摄角度，拍摄同一作物田块内不同地点的多张冠层照片，并在照片范围内放置长度已知的物体作为拍摄范围参照，用于估算照片覆盖的面积。

3. 计算机数字图像处理

由于观测区域植被都为绿色的情况，因此可以利用数字图像处理技术中基于颜色的分类方法与人机交互将绿色植被划分出来，计算照片中绿色部分占统计区域的比例，并认为该比例即是照片的植被覆盖度。最后把同一样地在同一时间段拍摄的所有照片植被覆盖度平均值作为该样地的植被覆盖度。利用同样的方法获得了四块样地在不同观测日期的植被覆盖度数据。获取植被覆盖度和经过辐射定标后的作物植株与背景土壤的组分温度后，便可利用覆盖率与相应组分温度的加权平均获得基于单张热红外图像的地面平均辐射温度，公式如下：

$$T_{ave} = \rho_v \times T_v + (1-\rho_v) \times T_s$$

式中，T_{ave}为地面平均辐射温度，ρ_v为植被覆盖度，T_v与T_s分别为作物植株与背景土壤平均辐射温度。

（三）手持式红外辐射计数据处理

手持式红外辐射计数据的处理根据采样方式可分为两种。

当采用垂直垄条带采样方式时，只需利用定标参数计算出定标后的辐射温度值，再计算田块平均辐射温度值即可。

当选用顺垄条带采样方式时，引入垄宽与垄间距比例的权重来计算田块平均辐射温度，公式如下：

$$T_{ave} = \gamma_v \times T_v + \gamma_s \times T_s$$

式中，γ_v为垄宽占一个周期的百分比，γ_s为垄间距占一个周期的百分比。需要指出的是，以上两个公式均是利用植被与土壤的平均辐射温度的加权和来求取田块的平均辐射温度，而不是来自对组分辐射能量的加权和。主要是由于手持式辐射计的测量原理就是对每一次测量的辐射温度进行简单的算术平均得到整个田块的辐射温度，这和遥感传感器一个像元范围内是亚像元的能量积分的概念不同。其次，在于野外测量时难以获得植被和土壤两者的真实比辐射率，且手持式红外辐射计测量视场内常常难以保证完全的"纯像元"，特别是当采用垂直垄条带的方式时，测量值是植被或土壤两者共同的辐射贡献，此时难以从数据中分离出植被与土壤的成分。所以采用以上两个公式进行两种方法在田块尺度的对比验证。

然而，从热像仪的像元到手持式辐射计的视场尺度是一个典型的能量积分，采用上面的方法就存在可能的尺度问题。为了探讨本书采用的 $T_{ave}=\rho_v \times T_v+(1-\rho_v) \times T_s$ 公式在辐射计视场尺度简单求和对计算结果可能带来潜在的误差，模拟对比了辐射能量加权法得到的结果与这种简单求和得到结果的差异。忽略多次散射的影响，辐射能量加权法可以表示为：

$$T_1 = [\rho_v \times \varepsilon_v \times T_{v0} + (1-\rho_v) \times \varepsilon_s \times T_{s0}]^{0.25}$$

式中，ε_v 和 ε_s 分别为作物与背景土壤比辐射率，T_{v0} 和 T_{s0} 分别为植被与土壤的真实物理温度。将比辐射率和真实物理温度代入公式，可以得到：

$$T_2 = \rho_v \times \varepsilon_v^{0.25} \times T_{v0} + (1-\rho_v) \times \varepsilon_s^{0.25} \times T_{s0}$$

在计算机模拟过程中，统计样本为136个，即一个手持式辐射计视场内约包含136个热像仪像元，在计算机模拟过程中，取经验值 $\varepsilon_v = 0.985$，$\varepsilon_s = 0.95$，并假设 T_{v0} 与 T_{s0} 在统计样本空间内围绕各自平均值呈正态分布，T_{v0} 与 T_{s0} 的采样个数分别为样本总量与 ρ_v、$(1-\rho_v)$ 乘积，且平均温度 $T_{s0}>T_{v0}$。

在对比田块尺度两种方法的测量结果时，忽略手持式辐射计尺度上的尺度效应，采用 $T_{ave}=\rho_v \times T_v+(1-\rho_v) \times T_s$ 直接对热像仪获取的像元辐射温度进行加权和取代辐射能量的加权和所带来的误差是可以忽略的，同时，这种做法还有效地回避了对植被与土壤真实比辐射率的需求。

利用无人机热红外影像提取玉米冠层温度技术流程如下：数码影像和热红外影像获取；数码影像和热红外影像拼接、几何校正和影像配准；热红外影像的辐射定标；热红外影像上土壤像元剔除和玉米冠层温度提取；精度验证，如图2.5所示。

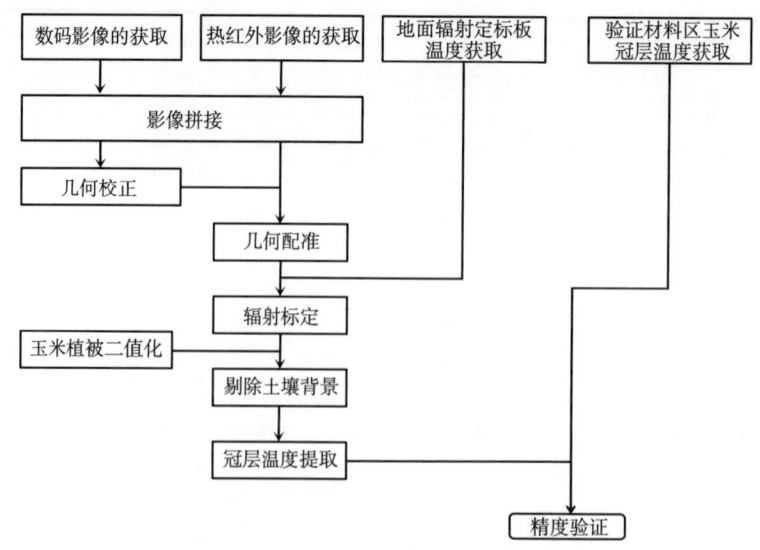

图2.5 提取玉米冠层温度技术流程

1. 无人机影像拼接与几何校正

无人机影像包括数码影像和热红外影像，但每幅影像仅仅只记录了试验区部分区域。为了便于数据分析，需要对原始影像进行拼接，从而得到试验区的整体影像。使用Agisoft PhotoScan Professional进行影像拼接。由于无人机影像获取过程中存在一些不稳定因素，拼接后的影像存在一定的几何畸变，因此在数码影像拼接后，利用16个地面控制点，采用ENVI 5.1软件进行影像的几何校正。由于热红外影像的分辨率较低，无法从影像上判断控制点的位置，因此无法利用控制点进行几何校正，利用经过几何校正的数码影像作为基准影像来配准热红外影像。

2. 热红外影像辐射定标

为了评价热红外影像提取玉米冠层温度的效果，需要与地面便携式测温枪测得的验证材料冠层温度进行对比。由于仪器自身精度的限制以及在试验中存在着系统误差和偶然误差，为了保证对比精度，需要对热红外影像进行辐射定标。辐射定标包括飞行前近距离测量定标和飞行后定标。为了提高热红外影像辐射定标的可靠性，在定标前分别使用便携式测温枪和热红外成像仪在近距离（1 m左右）测得多种地物的温度，并进行一致性分析，以判断两种仪器在不受距离因素条件下，所测温度的一致性。飞行后的辐射定标利用地面均匀铺设的6个辐射定标板。在拼接并几何配准后的热红外影像上提取对应6个辐射定标板黑白面像素的温度后，将提取的温度与同一时间在地面使用便携式测温枪测得辐射定标板黑白面的温度来计算出辐射定标系数。

3. 去除土壤背景

无人机热红外影像上包含有土壤背景像元和玉米冠层像元，因此在提取作物温度时会受到土壤背景的严重干扰，在进行作物温度提取前，首先剔除土壤背景像。通过无人机同步获取的数码影像进行玉米分类，分类后二值化，生成玉米植被矢量文件，矢量文件与热红外影像进行叠加提取玉米植被像元，从而剔除土壤背景。为了提高土壤背景的剔除精度，必须提高数码影像玉米植株的分类精度。在几何校正后，对数码影像进行分类，通过数码影像计算RGRI（Red-Green Ratio Index）植被指数进行植被分类。RGRI的计算公式如下：

$$RGRI = \frac{\rho_{red}}{\rho_{green}}$$

式中，ρ_{red}、ρ_{green}分别表示数码影像红、绿波段的DN（Digital Number）值。首先对数码影像进行植被指数计算，然后对计算的结果取阈值进行二值化，随后通过二值化图像生成矢量文件，并利用Arcgis 10.2建立玉米冠层掩模工具，最后利用掩模工具掩模统计出辐射定标后的热红外影像上各个小区的玉米冠层温度。

4. 结果验证

精度评定包括估算几何校正误差和玉米冠层温度提取误差，这两个误差通常采用均方根误差（Root Mean Square Error，RMSE）表示。RMSE是观测值与真实值的误差平方根的均值，用来衡量观测值同真值之间的偏差，计算公式如下：

$$\mathrm{RMSE} = \left[\sum_{i=1}^{n_1} \left[(Xs-Xr)^2 + (Ys-Yr)^2\right] \Big/ n_1 \right]^{1/2} = \left[\sum_{i=1}^{n_2}(Zs-Zr)^2 \Big/ n_2\right]^{1/2}$$

式中，n_1参与几何校正的控制点数量；Xs、Ys为待几何校正图像上的地理空间坐标；Xr、Yr为影像上像元对应地面点的空间坐标；n_2为参与误差计算的材料区数量；Zs为热红外影像上提取的玉米冠层温度，℃；Zr为地面便携式测温枪测得的玉米冠层温度，℃。

第四节 农业三维点云数据获取

一、数据采集

（一）使用准备

（1）确保L1负载正确安装于飞行器，依次开启M300飞行器和遥控器电源，并确保两者已对频。

（2）进入DJI Pilot App手动飞行界面→RTK，选择对应RTK服务类型，确保RTK的定位和定向状态均为Fix。

（3）建议L1负载启动后先预热3~5 min，App界面和语音提示负载惯导预热已完成，再开始数据采集。

（二）相机参数设置

（1）进入DJI Pilot App手动飞行界面→相机，选择相机界面。

（2）点击 ，根据光线条件调整相机参数，确保照片曝光正常。

（三）建图航拍

进入DJI Pilot App航线飞行界面→创建航线，选择 创建建图航拍任务。

（1）调整地图上所需扫描的区块（图2.6）。

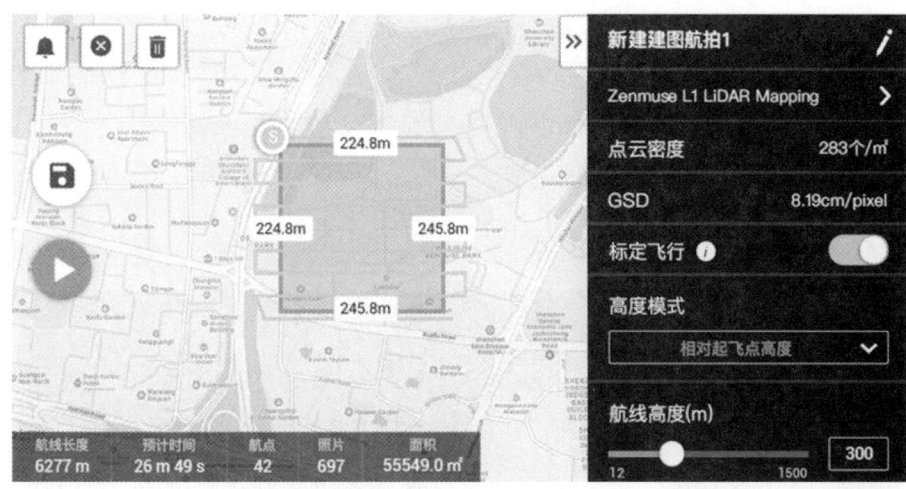

图2.6　调整扫描区域

（2）编辑LiDAR Mapping（点云测绘）任务的参数。

①选择相机为Zenmuse L1，然后点击LiDAR Mapping。

②完成页面各参数设置、高级设置以及负载设置。推荐激光旁向重叠率为50%以上，扫描模式为重复扫描，飞行高度为50～100 m，飞行速度为8～12 m/s，开启惯导标定。

（3）点击 💾 保存建图航拍任务，点击 ▶ 上传航线并执行飞行任务。

（4）飞行任务结束后关闭飞行器电源。取出L1的micro SD卡并连至计算机，可在DCIM文件夹中检查所录制的点云文件、所拍摄的照片以及其他文件。

二、点云数据建图

按照以下步骤进行建图。

（1）运行DJI Terra→新建任务→激光雷达点云处理，创建任务名称并保存（图2.7）。

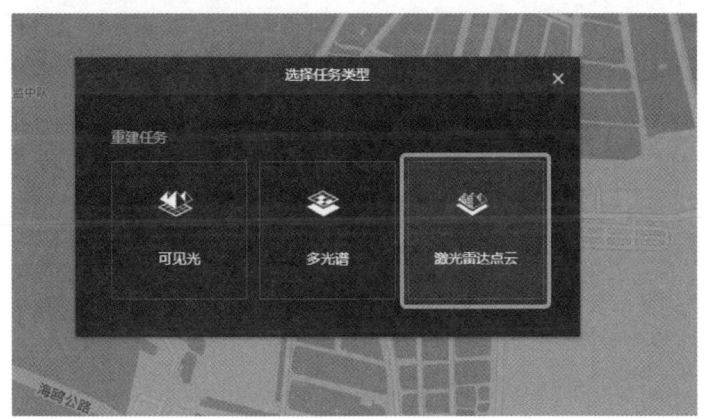

图2.7　DJI Terra新建任务

（2）在任务编辑界面，点击 📁，选择以数据采集时间命名的文件夹，注意：该文件夹中应包括后缀名为CLC、CLI、CMI、IMU、LDR、RTB、RTK、RTL和RTS的文件。

（3）设置点云密度和输出坐标系。

（4）点击开始处理，等待处理完成。

（5）使用快捷键Ctrl+Alt+F打开当前任务的文件夹，确认结果文件（图2.8）。

图2.8　DJI Terra雷达点云数据建图界面

第五节　农业数字图像获取

随着互联网思维与网络技术的发展，数字图像处理技术被广泛运用在了生产生活的各个方面，特别在农业领域，图像技术不但促进了农业生产技术化，也极大地提高了农业生产效率，对此，本节主要介绍在农业领域的数字图像获取技术。

一、数字图像获取设备

以无人机为飞行平台，搭载高清数码相机，实时、快速地获取高空间分辨率的作物冠层数码图像。可以选择小型多旋翼无人机，飞行稳定，不需要太大的起降平台，如大鹏CW-10、大疆精灵4RTK（图2.9）、大疆inspire2RAW等。可以选择重量轻、分辨率高、防抖动效果好的数码相机，如无人机内置高清相机、DSCQX100、佳能EF-M18-55等。对于面积较大田块，需要通过相关地面站软件，先规划好无人机飞行路线，接下来将介绍地面站软件规划航线的操作方法。

图2-9　大疆精灵4RTK无人机

二、地面站操作

（一）航线规划

1. 创建任务

在地图标签中，左滑所需图形文件，点击新建任务。

2. 选择任务类型

不同的图形文件可选的任务类型不同。多边形图形文件可以选择二维地图合成、虚拟护栏或测绘航拍区域模式；多段线图形文件可以选择航点飞行。

3. 屏幕上显示图形文件数据所形成的区域或航线

点击区域顶点或航点可选择该点，点被选中时为蓝色，未被选中时为白色。拖拽点可改变区域形状或航线走向（图2.10）。

4. 设置参数

在参数设置列表中逐项设置，完成点左上角的保存按钮即可（图2.11）。

图2-10　GS_Pro操作界面

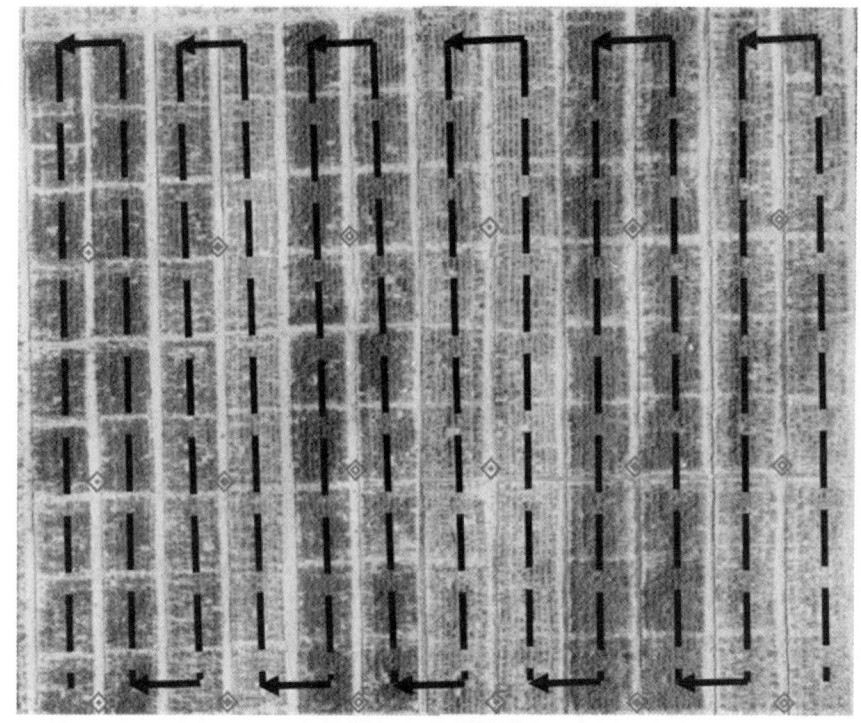

图2-11 航线（示意）

（二）飞行参数设置

1. 相机型号

用户务必根据使用的相机及镜头正确设置相机参数，以便程序计算出最优航线。

固定镜头：包含DJI Phantom3系列、Phantom4系列和Mavic Pro飞行器的相机，ZenmuseX3和Zenmuse X4S。若使用以上相机，连接飞行器后程序会自动选择对应的型号，Zenmuse X5、Zenmuse X5R、Zenmuse X5S、Zenmuse Z3：点击进入，按照所用镜头设置参数，然后点击添加相机。

自定义相机：点击新建自定义相机，按照所用相机及镜头设置参数，其中畸变参数不明的情况请输入1，然后点击添加相机。

2. 相机朝向（仅适用于二维地图合成和测绘航拍区域模式）

选择在航线上飞行时相机的横竖方向。

平行于主航线：相机与主航线平行，即相机平移（pan）轴与主航线角度一致。

垂直于主航线：相机与主航线垂直，即相机平移（pan）轴与主航线垂直。

3. 拍照模式

航点悬停拍照：程序按照设置的参数计算出航线及航点数，执行任务时，将在每个航点处悬停并拍照。该模式下，拍摄比较稳定，但拍摄时间长且航点通常较多，会增加任务执行时间。等距或等时间隔拍照：在主航线上飞行的同时，按照一定的距离或时间间隔进行拍照，拍照时飞行器并不悬停，用户可设置拍照的时间间隔，飞行速度将根据飞行器和相机特性以及所设飞行高度（分辨率）自动设置。该模式下，任务执行速度较快，但要求相机快门曝光时间较短。

4. 航线生成模式

测绘航拍区域模式下，可以选择扫描模式或区内模式。

扫描模式：以逐行扫描的方式生成航线。对于凹多边形区域，航线有可能超出区域边界线。

区内模式：生成的航线会保持在设定区域的内部。对于凸多边形区域，生成的航线与扫描模式相同；对于凹多边形区域，生成航线时将进行路线优化，确保以最优航线完成所有拍摄任务，因此航线可能存在交叉。

测绘航拍环绕模式下，可以选择纵向模式或环绕模式。

纵向模式：生成航线为上下飞行的"之"字形路线。纵向上的路线为主航线，每拍完一条主航线，飞行器会以直行方式移动到下一条主航线继续拍摄。

环绕模式：生成航线为不同高度上的环形路线。每个高度上的环形路线为主航线，飞行器会以由高到低的顺序，在每一个高度的主航线上拍摄一圈。每拍完一条主航线，飞行器会以原地下降的方式移动到下一条主航线上继续拍摄。

5. 飞行速度

设置飞行器匀速飞行时的速度，仅在航点悬停拍照模式下有效。默认5 m/s，可设范围1~15 m/s。在等时或等距间隔拍照模式下，飞行速度会根据其他参数值自动设置，无法手动修改。

6. 拍照间隔

当拍照模式设置为等时或等距间隔拍照时，用户可在此设置拍照的时间间隔。若设置时出现错误提示，请根据提示内容修改相应参数。

课后习题

1. 简述农业传感器的分类及其在农业中的应用。
2. 以农田气象站为例，描述如何利用传感器获取小气候信息，并简述其工作原理。
3. 风速传感器的工作原理有哪些？请举例说明两种常见风速传感器的工作方式。
4. 比较干湿球法和露点法测量空气湿度的原理，并说明各自的优缺点。

参考文献

陈子龙，2014. 基于热成像的作物抗旱性检测及温度采集系统研究[D]. 北京：首都师范大学.

高龙梅，冯美臣，陈鹏，等，2014. 不同播期冬小麦茎叶碳氮比的光谱监测[J]. 麦类作物学报，34（6）：816-822.

郝影宾，周春菊，王长发，等，2011. 氮肥和密度对大穗型冬小麦冠层温度日变化的调控效应[J]. 干旱地区农业研究，29（4）：99-104.

贾彪，2014. 基于计算机视觉技术的棉花长势监测系统构建[D]. 石河子：石河子大学.

李小龙，王库，马占鸿，等，2014. 基于热红外成像技术的小麦病害早期检测[J]. 农业工程学报，18：183-189.

马彦平，2010. 基于数字图像的冬小麦、夏玉米长势远程动态监测技术研究[D]. 武汉：华中农业大学.

芮玉奎，辛术贞，李军会，2011. 应用近红外光谱技术测试温室黄瓜叶片全氮含量[J]. 光谱学与光谱分析，31（8）：2114-2116.

徐小龙，2012. 基于红外热成像技术的植物病害早期检测的研究[D]. 杭州：浙江大学.

杨文攀，李长春，杨浩，等，2018. 基于无人机热红外与数码影像的玉米冠层温度监测[J]. 农业工程学报，34（17）：68-75.

尹宝重，马燕会，郭丽果，等，2015. 冬小麦不同行距配置对麦田温度、根系分布和产量的影响[J]. 江苏农业科学，43（2）：82-86.

衣莹，张玉龙，郭志富，等，2013. 冬小麦叶片对低温胁迫的生理响应[J]. 华北农学报，28（1）：144-148.

MANGUS D L, SHARDA A, ZHANG N, 2016. Development and evaluation of thermal infrared imaging system for high spatial and temporal resolution crop water stress monitoring of corn within a greenhouse[J]. Computers and electronics in agriculture，121：149-159.

ZIA S, ROMANO G, SPREER W, et al., 2013. Infrared thermal imaging as a rapid tool for identifying water-stress tolerant maize genotypes of different phenology[J]. Journal of agronomy & crop science，199（2）：75-84.

第三章 常规农业数据分析与实践

常规农业数据主要指来自传感器的数据或人工测量的数字类型数据，常利用Excel、SPSS、SAS、R语言和Python等工具进行分析。本章将对这些统计分析工具进行简单介绍，重点介绍基于典型案例利用统计分析工具进行数据分析实践。

第一节 软件介绍

Excel、SPSS、SAS、R语言和Python等是分析常规农业数据的主要工具软件，各有其特色。Microsoft Excel是大家最熟悉的电子表格软件，也是强大的数据分析和可视化工具，Excel具有数据透视功能、统计分析、图表可视化、筛选汇总及高级数学函数计算的功能。SPSS是世界上最早的应用最广泛的统计分析软件，在调查统计、市场研究、医学统计、政府和企业的数据分析应用中久享盛名。该软件操作简便、编程方便、功能强大，具有数据接口，能够读取及输出多种格式的文件，对于初学者，只需要掌握简单的操作即可应用。SAS是美国北卡莱罗纳州立大学1966年开发的统计分析软件，把数据存取、管理、分析和可视化有机地融为一体。SAS提供了从基本统计数的计算到各类试验设计的方差分析、相关回归分析等多种统计分析过程，通过过程调用实现，编程语句简洁短小。R语言与Python因其强大的个性化功能且免费开源近年来颇为流行。R语言是一套完整的数据处理、计算和制图软件系统，不仅提供统计程序，而且可以创造出符合使用者需要的新的统计计算方法。Python代表了一种简单主义思想，底层是用C语言写的，运行速度快。Python既支持"面向过程"的编程也支持"面向对象"的编程；在"面向过程"的语言中，程序是由过程或仅仅是可重用代码的函数构建起来的；在"面向对象"的语言中，程序是由数据和功能组合而成的对象构建起来的。

第二节 数据分析流程

通过调查、试验等取得数据之后,需要描述数据并对数据进行初步整理、简单统计推断、数据挖掘,得出结论。数据描述的目的在于更全面地了解数据的某些特征,数据的初步整理主要指人工测量数据录入和传感器数据导出,浏览数据剔除异常值或离群点和缺失值处理,或根据需要进行数据的转换等。数据描述常用直方图、盒形图、茎叶图、散点图、饼图等进行定性或定量数据的直观表示,此外,也可以计算某些简单的统计量来描述数据,比如平均数、中位数、众数等。在数据进行初步的整理并了解数据构成和分布之后,可进行相应的统计推断,如对总体参数的估计以及总体参数的假设检验等。之后需要进一步进行数据挖掘,也就是探索分析变量之间的关系。

第三节 实践案例

本节将以著名的iris(Fishers or Anderson's)数据集为例,分别利用Excel和R语言分析软件进行基础数据分析演示。iris数据集给出了来自3种鸢尾花(setosa、versicolor、virginica)的50朵花的萼片长度(Sepal.Length)、萼片宽度(Sepal.Width)、花瓣长度(Petal.Length)和花瓣宽度(Petal.Width)的测量值。数据集如表3.1所示。

表3.1 iris数据集

数据编号	Sepal.Length	Sepal.Width	Petal.Length	Petal.Width	物种
1	5.1	3.5	1.4	0.2	setosa
2	4.9	3	1.4	0.2	setosa
3	4.7	3.2	1.3	0.2	setosa
4	4.6	3.1	1.5	0.2	setosa
5	5	3.6	1.4	0.2	setosa
6	5.4	3.9	1.7	0.4	setosa
7	4.6	3.4	1.4	0.3	setosa
⋮	⋮	⋮	⋮	⋮	⋮

表3.1（续）

数据编号	Sepal.Length	Sepal.Width	Petal.Length	Petal.Width	物种
51	7	3.2	4.7	1.4	versicolor
52	6.4	3.2	4.5	1.5	versicolor
53	6.9	3.1	4.9	1.5	versicolor
54	5.5	2.3	4	1.3	versicolor
55	6.5	2.8	4.6	1.5	versicolor
56	5.7	2.8	4.5	1.3	versicolor
57	6.3	3.3	4.7	1.6	versicolor
⋮	⋮	⋮	⋮	⋮	⋮
101	6.3	3.3	6	2.5	virginica
102	5.8	2.7	5.1	1.9	virginica
103	7.1	3	5.9	2.1	virginica
104	6.3	2.9	5.6	1.8	virginica
105	6.5	3	5.8	2.2	virginica
106	7.6	3	6.6	2.1	virginica
107	4.9	2.5	4.5	1.7	virginica
⋮	⋮	⋮	⋮	⋮	⋮
150	5.9	3	5.1	1.8	virginica

一、数据分布直方图

在分析之前需要描述数据分布状态。以Sepal.Length为例，将150个数据录入Excel成为一列，拟将150个数据分为8组，组距为0.55，人为设置区间界限（4.3、4.85、5.4、5.95、6.5、7.05、7.6、8.15）并录入成为另外一列。初步整理好之后，选择数据分析功能中的直方图，填入各区域范围，并选择累计百分率和图表输出（图3.1），点击确定。执行上述操作后，界面将会出现如图3.2所示结果，包括频数分布表和直方图，当然，还可以根据需要对直方图进行外观调整，此处不再详述。由结果可知，3个品种的萼片长度大多分布在5.4~6.5 cm，基本符合左右对称分布。

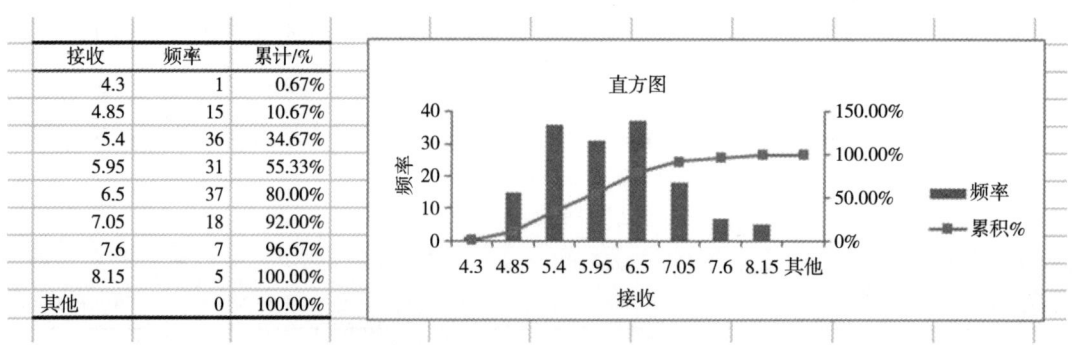

图3.1　Excel数据分布状态分析设置

接收	频率	累计/%
4.3	1	0.67%
4.85	15	10.67%
5.4	36	34.67%
5.95	31	55.33%
6.5	37	80.00%
7.05	18	92.00%
7.6	7	96.67%
8.15	5	100.00%
其他	0	100.00%

图3.2　基于Excel的直方图分析结果

利用R描述数据分布并绘制直方图操作更为简便，还可以进行更多的个性化设置。只需在R的基础绘图功能中执行hist（）函数便可实现。代码及说明如下，在R中运行后可得到图3.3的直方图。利用R进行数据分布描述分析时，无须人工设置区间并手动录入，只需要将分组界限的数目通过"breaks＝"函数定义即可，既可避免人为的计算失误，也方便分组数的改动。

```
hist（iris$Sepal.Length,          #指定数据为iris中的Sepal Length#
  breaks=20,                      #指定分组界限的数目#
  xlab="Sepal Length（cm）",      #设置横轴标签#
  main="鸢尾花花萼长度分布直方图"）  #设置图表标题#
```

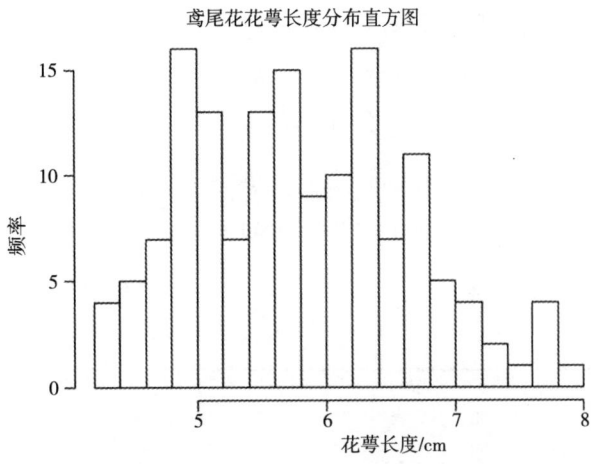

图3.3　基于R的直方图分析工具结果

二、方差分析

在农业研究中经常需要对多个平均数进行比较，如比较iris数据集中3个品种的萼片长度，此时就需要进行方差分析。在用Excel进行方差分析时，首先要进行数据格式整理，将图3.4所示萼片长度数据列整理成以行为分组（处理）的形式，如表3.2所示。

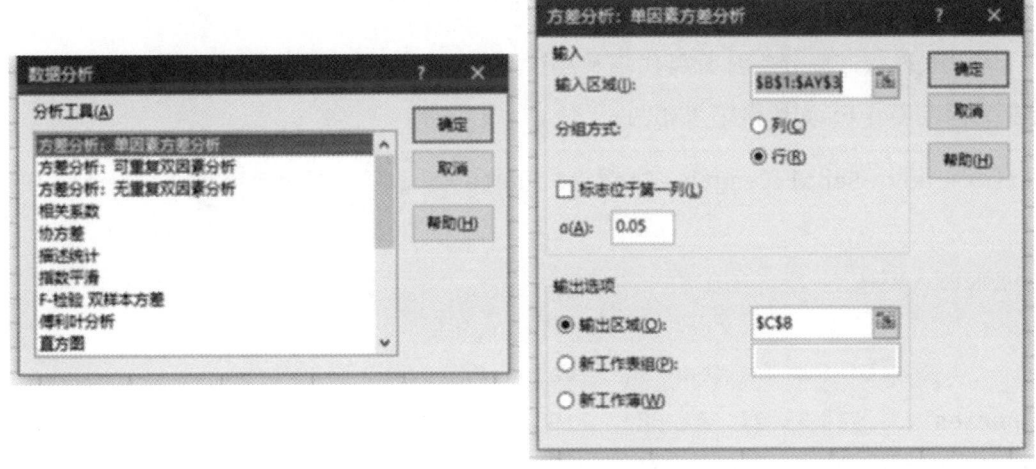

图3.4　数据方差分析设置

表3.2　Excel中方差分析数据格式

分组（处理）	观察值				
setosa	5.1	4.9	4.7	4.6	...
versicolor	7	6.4	6.9	5.5	...
virginica	6.3	5.8	7.1	6.3	...

初步整理好之后，选择数据分析功能中的单因素方差分析，设置分析所需的数据区域范围和分组方式，设定显著性差异水平，默认为95%的置信水平，即α为0.05（图3.4），点击确定。执行上述操作后，界面将会出现如图3.5所示结果，包括平均值、方差等描述性统计量的值和方差分析结果。由结果可知，F值为119.264 5，远大于0.05显著水平下的F值临界值3.057 621，P值远小于0.05，说明3个品种萼片长度具有极显著差异。

方差分析：单因素方差分析

SUMMARY

组	观测数	求和	平均	方差
行1	50	250.3	5.006	0.124 249
行2	50	296.8	5.936	0.266 433
行3	50	329.4	6.588	0.404 343

方差分析

差异源	SS	df	MS	F	P-value	F crit
组间	63.212 13	2	31.606 07	119.264 5	1.67E-31	3.057 621
组内	38.956 2	147	0.265 008			
总计	102.168 3	149				

图3.5 基于Excel的方差分析结果

利用R进行方差分析时所需代码及运行结果如下所示。可以发现，基于R所得方差分析结果与基于Excel所得结果相同。

```
fit <- aov（Sepal.Length ~ Species, data=iris）    #指定数据为iris中的
                                                   Sepal Length#
summary（fit）                                     #展示方差分析结果#

            Df  Sum Sq  Mean Sq  F value  Pr（>F）
Species      2   63.21   31.606    119.3  <2e-16  ***
Residuals  147   38.96    0.265
---
Signif. codes：0 '***' 0.001 '**' 0.01 '*' 0.05 '.' 0.1 ' ' 1
```

三、相关分析

探究变量之间的相关性，即某变量是否随另一变量的变化而变化，是数据挖掘中的基本分析，在Excel中可利用CORREL函数快速求得相关系数，如iris数据集中，若探究花瓣长度和宽度之间的相关性，即Petal.Length与Petal.Width之间的相关性，只需要

在空白单元格输入"=CORREL（array1，array2）"，按下回车键即可得到两者的相关系数为0.962 865。为进一步验证相关系数的显著性，需要在单元格中根据公式［相关系数×SQRT（150-2）/SQRT（1-相关系数的平方）］计算出t值，为43.387。利用T.DIST.2T函数进行双尾显著性测验。

利用R进行上述分析探究Petal.Length与Petal.Width之间相关性时，所需代码及运行结果如下所示。可以发现，结果与Excel分析结果相同，并自动给出了t值、自由度、P值及95%的置信区间。结果表明，鸢尾花花瓣长度与宽度之间具有极显著的相关关系。

```
x <- iris[, c ( "Petal.Length" )]      #将Petal.Length赋值给变量x#
y <- iris[, c ( "Petal.Width" )]       #将Petal.Width赋值给变量y#
cor ( x, y )                            #给出x与y的相关系数#
[1] 0.962 865 4
cor.test ( x, y )                       #进行显著性测验#

Pearson's product-moment correlation

data: x and y
t = 43.387, df = 148, p-value < 2.2e-16
alternative hypothesis: true correlation is not equal to 0
95 percent confidence interval:
 0.949 052 5  0.972 985 3
sample estimates:
cor
    0.962 865 4
```

课后习题

1. 以iris数据集为例，分别用Excel与R语言绘制Sepal.Width数据分布直方图。

2. 以iris数据集为例，分别用Excel与R语言对Sepal.Length和Sepal.Width进行相关性分析，并解释结果。

参考文献

杨泽峰，徐辰武，顾世梁，2009. SPSS农业试验数据分析实用教程[M]. 南京：南京大学出版社.

CHUN W,2016. Python核心编程:第3版[M]. 孙波翔,李斌,李晗,译. 北京:人民邮电出版社.

GARRARD C,2017. Python地理数据处理[M]. 张云金,张明希,译. 北京:人民邮电出版社.

KABACOFF R I,2023. R语言实践[M]. 王韬,译. 北京:人民邮电出版社.

ZANDBERGEN P A,2014. 面向ArcGIS的Python脚本编程[M]. 李明巨,刘昱君,陶旸,等,译. 北京:人民邮电出版社.

第四章 农业高光谱数据分析与实践

第一节 软件介绍

一、ENVI

ENVI（The Environment for Visualizing Images）是一个完整的遥感图像处理平台，应用汇集的软件处理技术覆盖了图像数据的输入或输出、图像定标、图像增强、纠正、正射校正、镶嵌、数据融合以及各种变换、信息提取、图像分类、基于知识的决策树分类、与GIS的整合、DEM及地形信息提取、雷达数据处理、三维立体显示分析。

ENVI并非仅设计成高光谱影像处理系统。在1992年，ENVI的开发者就决定开发出一个通用的影像处理软件，它包含一整套的基本处理工具，弥补了商业软件缺乏强大灵活处理功能的不足，使得它能够处理各种科学格式的影像数据。它对全色、多光谱、高光谱以及基本和改进雷达影像数据都提供了支持。当前，ENVI包含了与其他主要影像处理系统（例如ERDAS、ERMapper和PCI）相同的基本处理功能。其中，ENVI在前沿遥感研究中采用了许多不同的先进算法。虽然这些算法都是在处理成像光谱仪数据或者多达上百个波谱波段的高光谱数据基础之上发展而来，但是它们也可以应用到多光谱数据和其他标准数据类型的处理上。

（一）ENVI优势

1. 先进、可靠的影像分析工具

全套影像信息智能化提取工具，全面提升影像的价值。

2. 专业的光谱分析

高光谱分析一直处于世界领先地位。

3. 随心所欲扩展新功能

底层的IDL语言可以帮助用户轻松地添加、扩展ENVI的功能，甚至开发定制自己的专业遥感平台。

4. 流程化图像处理工具

ENVI将众多主流的图像处理过程集成到流程化（Workflow）图像处理工具中，进一步提高了图像处理的效率。

5. 与ArcGIS的整合

从2007年开始，与ESRI公司的全面合作，为遥感和GIS的一体化集成提供了一个最佳的解决方案。

该软件提供了专业可靠的波谱分析工具和高光谱分析工具，还可以利用IDL为ENVI编写扩展功能。

（二）ENVI可扩充模块

1. 大气校正模块（Atmospheric Correction）

校正了由大气气溶胶等引起的散射和由于漫反射引起的邻域效应，消除大气和光照等因素对地物反射的影响，获得地物反射率和辐射率、地表温度等真实物理模型参数，同时可以进行卷云和不透明云层的分类。

2. 立体像对高程提取模块（DEM Extraction）

可以从卫星影像或航空影像的立体像对中快速获得DEM数据，同时还可以交互量测特征地物的高度或者收集3D特征并导出为3D Shapefile格式文件。

3. 面向对象空间特征提取模块（ENVI EX）

根据影像空间和光谱特征，从高分辨率全色或者多光谱数据中提取特征信息。包含人性化的操作平台、常用图像处理工具、流程化图像分析工具、面向对象特征提取工具（FX）等。

4. 正射纠正扩展模块（Orthorectification）

提供基于传感器物理模型的影像正射校正功能，一次可以完成大区域、若干景影像和多传感器的正射校正，并能以镶嵌结果的方式输出，提供接边线、颜色平衡等工具，采用流程化向导式操作方式。

二、SpecView

SpecView是江苏双利合普科技有限公司为其公司生产的系列高光谱相机搭配开发的高光谱图像采集及数据预处理软件。该软件功能丰富，包括大场景数据分段采集模式、RGB图像合成、光谱与影像数据查看功能、自动曝光功能、自动扫描速度匹配功能、自动调焦功能、物距计算功能、辅助取景摄像头功能、波段选择功能、反射率校正功能、区域校正功能、辐射度校正功能、Fodis光强探测器校正功能；软件以标准BIL数据格式进行数据存储，并自动创建通用性最为广泛的头文件，用以标示文件结构。

ENVI以及Envice等软件可直接打开采集的数据文件进行处理。

软件自带的快速预览功能支持用户选择单波段或者以伪彩色的方式回看采集到的图像，以及图像中每一个点或区域的波长信息，并且可以将这些信息以常用的文件格式（txt、excel、xml、html、jpg等）保存或打印。该软件还支持动画回看功能，可以以指定帧速连续播放不同波段的图像，以快速发现感兴趣的波段。

软件支持增强的黑白校正，在可以选择原始文件以及黑帧、白帧的基础上，还支持导入曲线（系数）进行校正。独有的区域校正则无须选择黑帧、白帧。只要数据中包含白板信息，即可用鼠标拖拽选取白帧区域进行校正。在常用校正的基础上，还专门开发了Fodis环境光校正和辐射度校正，以满足常规校正需要。针对便携式焦平面扫描设备，还提供了镜头校正功能。

三、HiSpectralStitcher

无人机高光谱影像拼接软件HiSpectralStitcher是由江苏双利合谱科技有限公司联合中国科学院遥感与数字地球研究所张兵团队针对无人机高光谱影像内置推扫的方式共同研发出来的。

其主要功能包括批量影像的导入、异常数据的自动删除、任意三波段的拼接预览、多种投影方式和匹配算法选择、图像对比度选择、任意波段选择拼接、支持多种格式输出、支持选择不同的重采样方式、支持是否对拼接结果匀色、支持辐亮度转反射率等。

第二节 数据分析流程

一、高光谱数据校准

利用SpecView软件进行高光谱数据校准，校准过程主要包括镜头校准、反射率校准和大气校正，具体步骤如下。

（一）打开软件

如图4.1所示，在桌面上找到最新版的SpecView软件快捷按钮，双击打开后进入软件分析界面。

图4.1 桌面截图

（二）选择分析工具

如图4.2所示，在软件分析界面选择分析工具。

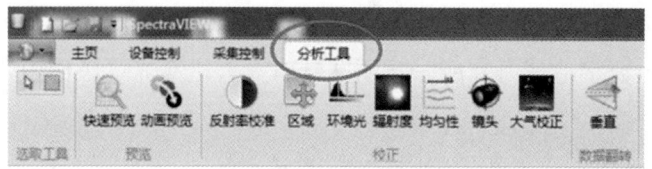

图4.2 分析工具界面

（三）镜头校准

如图4.3所示，在分析工具界面进行镜头校准，步骤如下。

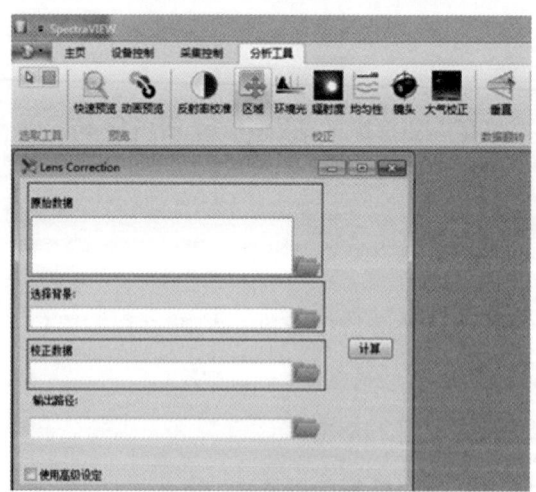

图4.3 镜头校准界面

1. 原始数据

选择导入采集的数据，后缀为.raw。

2. 背景数据

选择导入盖上镜头盖后采集的背景数据。

3. 校正数据

选择导入准确的校准文件，校正文件格式为xxxxx.lcf。

图4.4为导进数据后的界面，点击计算便会导出准确的镜头校准数据。

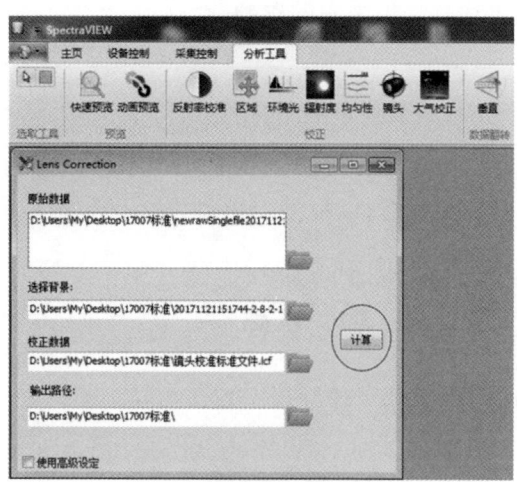

图4.4 导进校正数据界面

（四）反射率校准

图4.5为反射率校准界面。根据图中标注，按以下步骤校准。

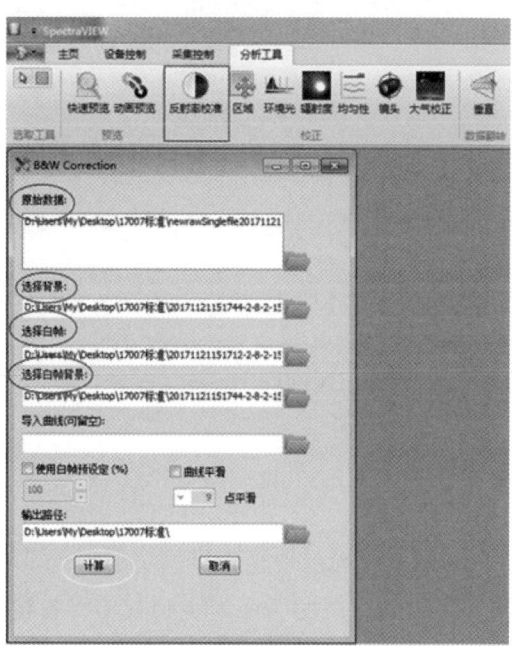

图4.5 反射率校准界面

1. 原始数据

选择做完镜头校准以后的数据（可批处理）。

2. 选择背景

选择镜头对准采集物自动曝光后采集的暗背景。

3. 选择白帧

选择镜头对准白板自动曝光后采集的白帧。

4. 选择白帧背景

选择和步骤3相同曝光时间下采集的暗背景。

5. 点击计算

如图4.6所示，通过调节使用白帧预设定和曲线平滑参数改变输出图像的反射率。

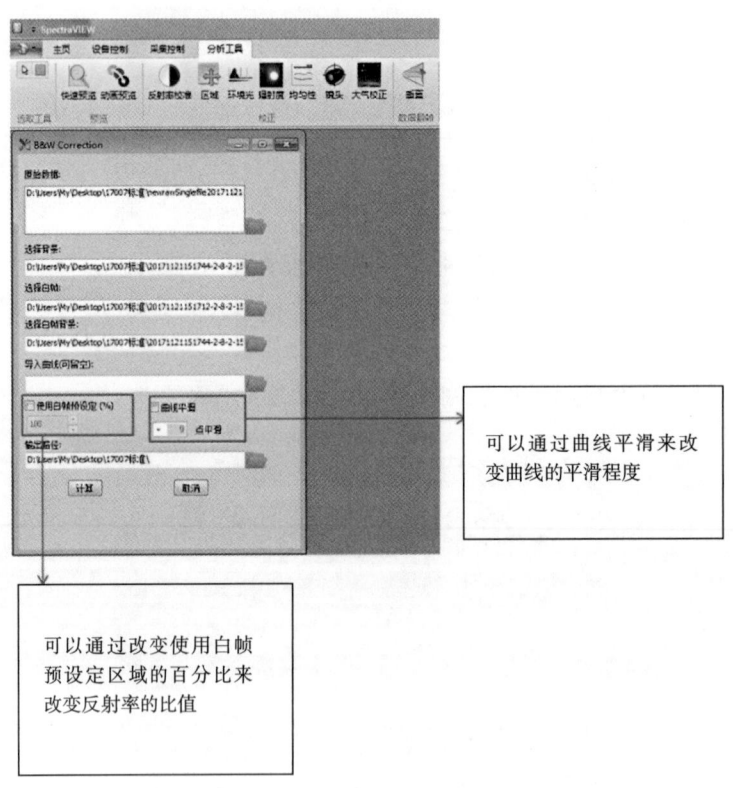

图4.6　输出图像参数调节界面

（五）大气校正

图4.7为大气校正操作步骤。

（1）选取一张带有灰布的并且经过镜头校准和反射率校准过的数据打开并加载。

（2）点击选取灰，并在加载出来的图像上找到灰布，长按鼠标左键选取灰布上的一小块。

(3)根据实际情况所用的灰布导入匹配的灰布曲线(20%、40%、60%、70%等)。

(4)随后便可进行数据的批处理,输出路径默认为原始文件夹,最后点击计算即可得出最终的数据。

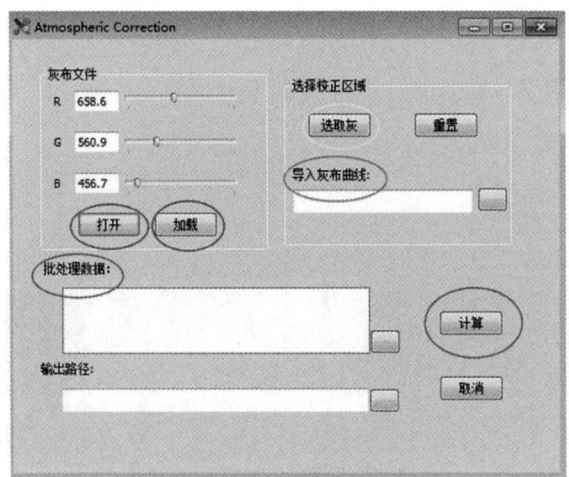

图4.7 大气校正界面

(六)快速预览

点击快速预览,打开以lensCor_ref_flassh.raw结尾的文件,即可看到最后的标准图像。

二、高光谱图像拼接

(一)无人机高光谱影像的批量导入(图4.8)

图4.8 高光谱影像批量导入界面

（二）无人机高光谱影像异常数据的剔除（图4.9）

图4.9　高光谱影像异常数据剔除界面

（三）高光谱影像拼接预览的参数设置（图4.10）

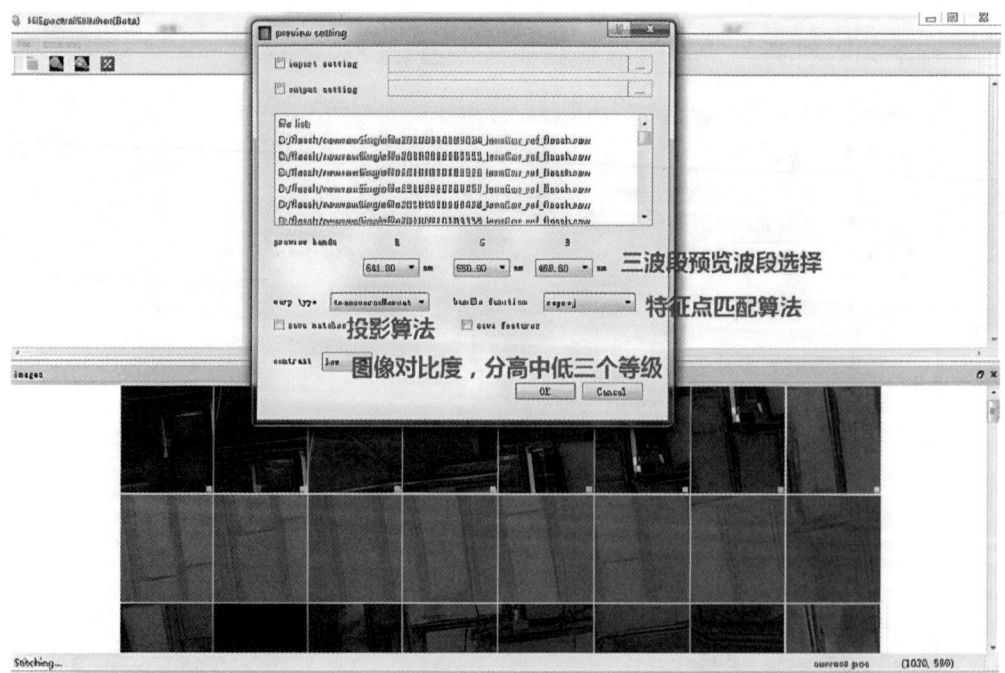

图4.10　高光谱影像拼接预览参数设置界面

（四）无人机高光谱影像全波段拼接的参数设置（图4.11）

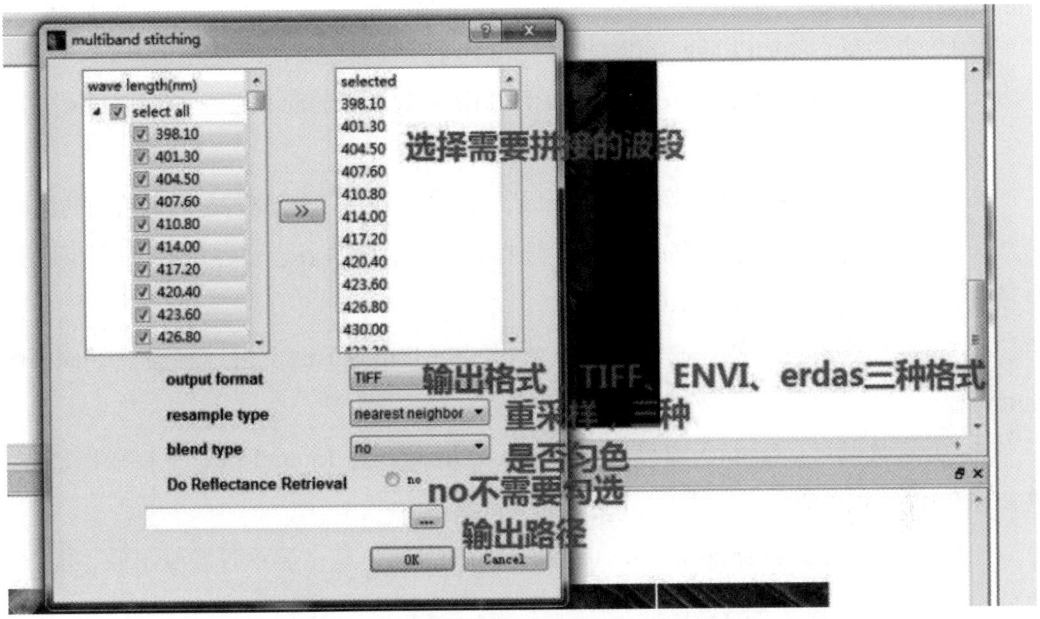

图4.11　高光谱影像全波段拼接参数设置界面

三、利用ENVI进行高光谱数据分析

（一）常见参数选择

主菜单→File→Preferences。

1. 用户自定义文件（User Defined Files）

包括图形颜色文件、颜色表文件、ENVI的菜单文件、地图投影文件等。需重启ENVI。

2. 默认文件目录（Default Directories）

包括默认数据目录、临时文件目录、默认输出文件目录、ENVI补丁文件、光谱库文件、备用头文件目录等。需重启ENVI。

3. 显示设置（Display Default）

可以设置三窗口中各个分窗口的显示大小、窗口显示式样等。其中可以设置数据显示拉伸方式（Display Default Stretch），默认为2%线性拉伸。

4. 其他设置（Miscollaneous）

制图单位（Page Unit），默认为英寸（Inches），可设置为厘米（Centimeters），还有缓冲大小（Cache Size），可以设置为物理内存的50%~75%。图像大小（Image Tile Size）不能超过4 M。

（二）显示图像及其波谱

1. 打开文件

（1）主菜单，Open Image File→文件名.raw。

（2）或Window→Available Bands List→File→Open Image File→文件名.raw。

2. 显示图像

（1）显示单波段灰度级图像：Gray color，选择的波段一般是图像显示最清晰的波段。

（2）显示伪彩色图像：RGB color，选择具有明显吸收谷、强烈反射作用和所含信息量较大的波段作为彩色合成RGB波段。

（3）显示真彩色图像：波段列表（Available Bands List）中，右键→Load True Color。

（4）图像保存：Display窗口，File→Save Image As ImageFile，选择输出格式、路径和名称，OK。

（5）动画显示：Display窗口，Tools→Animation，动态显示各波段图像，能很快地分辨出包含信息量较多的波段。

（三）绘制任意点光谱曲线、多点光谱曲线和曲线平滑

1. Display窗口

右键→Z profile（Spectrum）或Tools→ProfilesZ Profile（Spectrum）。

2. 多点光谱曲线

Spectral Profile中，Options→Collect Spectra Options。

3. 多点平滑

Spectral Profile中，Options→Set Z Profile Avg Window，将Window Size换成m×n，即对图中m×n个点的光谱做积分平滑（例如3×3）。

4. 光谱平均

波谱曲线窗口中，EditData ParametersNsum，可平滑光谱曲线。

5. 谱线分离

Spectral Profile中，Options→Stack Plots，分离相邻很近的两个波谱曲线。

6. 光谱对比

图像光谱曲线和重采样波谱库中的波谱曲线分别显示在不同的Spectral Profile中，Plot Key，拖拽其中一个到另一个Spectral Profile中，可得到对比的光谱曲线。

（四）包络线去除

是将反射波谱归一化的一种方法，能有效地突出曲线的吸收和反射特征，使得可以在同一基准线上对比吸收特征。经过包络线去除后的图像，有效地抑制了噪声，突出

了地物波谱的特征信息，便于图像分类和识别。

1. 单一包络线去除

在波谱曲线窗口中，Plot_Function→Continuum Removed。

2. 全部包络线去除

主窗口中，Spectral Mapping Methods→Continuum Removed。

（五）图像裁剪和光谱选择

（1）主菜单→Basic Tools→Resize Data（Spatial或Spectral）。

（2）Spatial Subset选择裁剪图像大小，点击Image可根据显示的图像裁剪。

（3）Spectral Subset选择需要的光谱波段。

（4）选择Memory或在Enter Output Filename输入文件名生成新的文件。

（5）右键→Load True Color to<new>，显示新图像。

（六）光谱数据输出

光谱曲线窗口中，File→Save Plot As→ASCII，在Output Plots to ASCII File文件中，点击Selsct Plot To Output选中需要输出曲线的点，输出路径和名称，OK。

四、波谱库交互浏览

（一）编辑数据、绘图参数

（1）在Spectral Library Plots窗口中，Edit→Data Parameters，设置波谱名称、颜色、线性等。

（2）在Spectral Library Plots窗口中，Edit→Plot Parameters，设置标题、X轴和Y轴显示风格、显示范围、刻度等。

（二）添加注记

（1）在Spectral Library Plots窗口中，Option→Annotate Plot，手动添加注记，如文字、图形、图像等。

（2）Annotation窗口中，Object选择注记类型后，在Spectral Library Plots窗口中左键添加，右键删除。最后右键确认。

（3）在Spectral Library Plots窗口中，右键→Plot Key，添加注记，名称和颜色在Edit→Data Parameters中修改。

（三）波谱库

1. 标准波谱库

（1）主菜单→Spectral→Spectral Libraries→Spectral Library Viewer→安装文件夹

下，ITTIDLIDL80/productslenvi48\spec_lib。

（2）共有usgs_min、veg_lib、jpl_lib、jhu_lib四个标准波谱库。

（3）在Spectral Library Viewer中，单击波谱名称，自动显示波谱。

2. 自定义波谱库

（1）输入波长范围。在主菜单中，Spectral→Spectral Library→Spectral Library Builder。

（2）波谱收集（以从影像数据中收集波谱为例）。

①打开高光谱图像，收集任意点波谱。

②在Spectral Library Builder中，选择First Input Spectum选项，以第一次输入波谱曲线的波长信息为准。

③option→From Plot Windows，导入收集到的波谱数据。

④波谱列表中，可更改波谱名称和颜色。

（3）保存波谱库。在Spectral Library Builder中，File→Save Spectral As→Spectral Library，打开Output Spectral Library对话框，设置参数。

（4）重采样波谱库。

①主菜单→Spectral→Spectral Libraries→Spectral Libraries Resampling→波谱库文件。

②在Spectral Libraries Resampling Parameters对话框中，为Resample Wavelength To选择匹配源，一般选择图像文件为参考。

③输出重采样波谱库.sli。

（四）感兴趣区和掩膜

1. 感兴趣区（ROI）

（1）Display窗口中，Overlay→Region of Interest，在ROI对话框中，单击ROI_Type→Polygon。

（2）绘制窗口中，选择Image，绘制一个多边形，右键结束，可根据需要多绘制几个。

（3）主菜单→Basic Tools→Subset Data via ROIs，选择裁剪图像。

（4）在Saptial Subset via ROIs Parameters中，设置参数。

（5）Select Input ROIs，选择绘制的ROI。

（6）Mask Pixel Outside of ROIs选择yes。

（7）Mask background value：0.000 000。

（8）输出路径和名称，OK。

2. 掩膜（Mask）

（1）打开文件并显示在Display中。

（2）创建掩膜。

（3）主菜单→Basic Tool→Masking→Built Mask，选择图像所在的Display。

（4）在mask definition对话框中，Option→Import Data Range/ROIs，输出路径和文件名，掩膜文件生成。

（5）运行掩膜。

（6）主菜单Basic Tool→Masking→Apply Mask，选择图像文件，在Select Mask Band中，选择生成的掩膜文件，OK。

（五）滤波

1. 打开图像

Filter→Convolutions and Morphology。在Convolutions and Morphology Tools中，选择Convolutions→滤波类型（高通滤波器、低通滤波器、拉普拉斯算子、方向滤波器、高斯高通滤波器、高斯低通滤波器、中值滤波器、Sobel、Roberts、自定义卷积核）。

2. 设置参数

（1）Kernel Size（卷积核大小）：奇数。

（2）ImageAdd Back（加回值）：将原始图像中的部分加回到卷积滤波结果图像中，有助于保持图像的空间连续性。

（3）Editable Kernel（卷积核中各项的值）。

（六）主成分分析（PCA）

主成分分析的主要目的是去除波段之间多余信息，将多波段的图像信息压缩到比原波段更有效的少数几个转换波段的方法。

1. 主成分正变换

（1）主菜单中，Transforms→Principal Components Forward PCRotation→Compute New Statistics and Rotate，选择图像文件。

（2）在Forward PCRotation Parameters对话框中，Stats X/Y Resize Factor文本框中输入小于等于1的数据二次采样系数。越小速度越快，越大精度越高。

（3）输出统计路径及文件名。

（4）主成分波段的选择Covariance Matrix（协方差矩阵）和Correlation Matrix（相关系数矩阵）。

（5）输出路径及文件名。

（6）单击Select Subset from Eigenvalues附近的按钮，Yes：统计信息将被计算，

列出各波段以及相应的百分比，可自主选择主成分波段。No：系统会计算特征值和显示供选择的输出波段。

2. 协方差矩阵、特征向量矩阵的统计

主菜单，Basic Tools→Statistics→View Statistics File，打开主成分分析中得到的统计文件，可以得到各个波段的基本统计值、协方差矩阵、相关系数矩阵和特征向量矩阵。

当协方差矩阵数据量较大时，不能直接在统计文件中显示，这时可通过输出ASCII文件并导入到Excel中来查看协方差矩阵和特征向量矩阵。波长、反射率和协方差矩阵、特征向量矩阵的数据分析可采用其他数值统计分析软件进行。

3. 主成分逆变换

Transform→Principal Components→Inverse PC Rotation

执行主成分逆变换可降噪，较小噪声污染对图像和波谱的影像。

（七）波段比

波段比计算可增强波段间的差异性，生成一幅能提供相对波段强度的图像。

（1）打开图像。

（2）主菜单→Transforms→Band Ratios。

（3）在Band Ratio Imput Bands对话框中，从可用波段列表中选择分子和分母→Enter Pair。

（4）OK，输入文件名和路径。

（八）独立主成分分析（ICA）

独立主成分分析（Independent Components Analysis，ICA）将多光谱或高光谱数据转换成相互独立的部分（去相关），用来发现和分离图像中隐藏的噪声、降维、异常检测、降噪、分类和波谱端元提取以及数据融合。在信号较弱的情况下，ICA较PCA得到的结果更加有效。

（1）主菜单中，Transforms→Independent Components→Forward IC Rotation→Compute New Statistics and Rotate，选择图像文件。

（2）在Forward IC Rotation Parameters对话框中，Stats X/Y Resize Factor文本框中输入小于等于1的数据二次采样系数。越小速度越快，越大精度越高。

（3）输出统计路径及文件名。

（4）变化阈值（Change Threshold）：越小越好，但计算量增加。

（5）最大迭代次数（Maximum Iterations）：最小为100，越大得到的结果越好，但计算量增加。

（6）最大稳定性迭代次数（Maximization Stabilization Iterations）：当达到最大次数还不收敛时，运行算法优化结果。最小值为0，值越大得到的结果越好。

（7）对比度函数（Contrast Function）：提供三个函数LogCosh、Kurtosis、Gaussian，默认为：LogCosh。

（8）输出路径及文件名。

（9）单击Select Subset from Eigenvalues附近的按钮，Yes：统计信息将被计算，列出各波段以及相应的百分比，可自主选择主成分波段。No：系统会计算特征值和显示供选择的输出波段。

（10）Transform→Independent Components→Inverse IC Rotation。执行独立主成分逆变换可降噪，较小噪声污染对图像和波谱的影像。

（九）端元波谱提取

端元的物理意义是指图像中具有相对固定光谱的特征地物类型，它实际上代表图像中没有发生混合的"纯点"。

端元波谱获取的基本流程：MNF变换→PPI纯净像元指数→n维可视化和端元选择→端元波谱→波谱识别。

1. MNF变换（最小噪声分离）

（1）打开高光谱图像。主窗口中，File→Spectral→MNF Rotation→Forward MNF（正向MNF变化）→Estimate Noise Statistics From Data，选择高光谱图像。

（2）逆向MNF。主窗口中，Spectral→MNF Rotation→Inverse MNF Transform。MNF文件作为输入文件。

（3）MNF2D散点图。MNF图像显示窗口中，Tools/2D Scatter Plots。选择X和Y坐标输入波段，在2D散点图中进行手动选点。

2. PPI纯净像元指数

（1）Spectral→Pixel Purity Index→[FAST]Existing Output Band，在打开的Pixel Purity Index Imput File选择MNF变换结果，然后Cancel，Spectral Subset中选择波段数，不宜过大，10~20均可，OK。

在Pixel Purity Index Parameters对话框中，设置参数。

（2）迭代次数：迭代次数越多，发现的极值像元越好，但所需时间也就越多。一般需要上千次迭代。

阈值系数（极值像元的阈值）：阈值越小，精度越高，但纯净像元量越小。一般设置2~3。

数据二次采样：默认为1，不小于0.25。

3. 感兴趣区设置

Display中，overlay→Region of Interest，在ROI tools面板中，Options→Band Threshold To ROI，PPI结果为输入波段，设置阈值在图像中获得感兴趣区，一般设置最大为空。

4. N维可视化（手动选点和自动聚类）

（1）手动选点。

①主菜单→Spectral N-Dimensional Visualizer→Visualizer With New Data，选择MNF变换结果。

②在n维散点图中，选择一定的波段，Start，转动到一定位置时，Stop，在视图中鼠标左键勾画白点集中区域，右键确定，继续Start，检查选择是否集中，不集中的话ClassItemsl：20→White，将散落的点删除。

③Class→New Class或者在散点图中右键→New Class，新建一个样本区，选择新的白点集中区域。

④在散点图中，右键→MeanAll，将最原始输入图像作为波谱曲线源数据，自动绘制样本内的像元平均波谱。

（2）自动聚类。

①主菜单→Spectral N-Dimensional Visualizer→Auto Cluster，输入MNF和PPI文件。

②在N-DPrecluster Parameters对话框中，键入将用于n维可视化器的输入数据的最大值。越小越快越纯净，越大则散点图越完整，处理速度越慢，难以选择拐点。可对自动聚类结果进行必要的编辑和错分点的重新归类。

③波谱分析。

④利用ZProfile获取待鉴别波谱曲线，显示在Display中。

⑤主菜单→Spectral Spectral Analyst，选择用于比较的波谱库。

⑥在Spectral Analyst对话框中，Apply，选择已获得的波谱进行分析，记下分值最高对应的地物。

⑦在Scatter Plot Mean曲线图中，Edit→Data Parameters，将分析得到的地物名在Name中输入，Apply。重复以上步骤，识别全部波谱。

5. 物质识别和图像分类

首先进行端元波谱收集，再进行物质识别。

（1）打开高光谱文件，主菜单→Spectral Mapping Methods→Spectral Angle Mapper，选择原图像文件作为输入。

（2）在Endmenber Collection对话框中，Import→form Plot Windows或者form

Spectral Libraries file，选择所需的端元光谱，Apply，运行波谱角法制图。

（3）以RGB显示高光谱数据，Display→Overlay→Classfication，选择前面得到的结果。

6. 波谱沙漏工具

（1）打开高光谱文件。

（2）主菜单→Spectral Spectral Hourglass Wizard，输入高光谱文件，next。

（3）设置MNF变换参数，next。

（4）查看MNF变换结果，next。

（5）计算数据维数，默认为最大，next。

（6）选择端元波谱方式：Yes：从外部文件获取；No：从图像获取。next。

（7）计算纯净像元指数：设置迭代次数，PPI阈值，使用最大内存（1 000 M），next。

（8）从n维散点图中选择波谱端元，可手动修改或重新收集，next。

（9）选择制图方法，包括SAM、MTMF和Unmixing，可选一种或多种。

（10）查看最终结果，波谱分析更改波谱名称。

第三节　实践案例

本节基于高光谱影像，利用ENVI分类。

一、打开影像（图4.12）

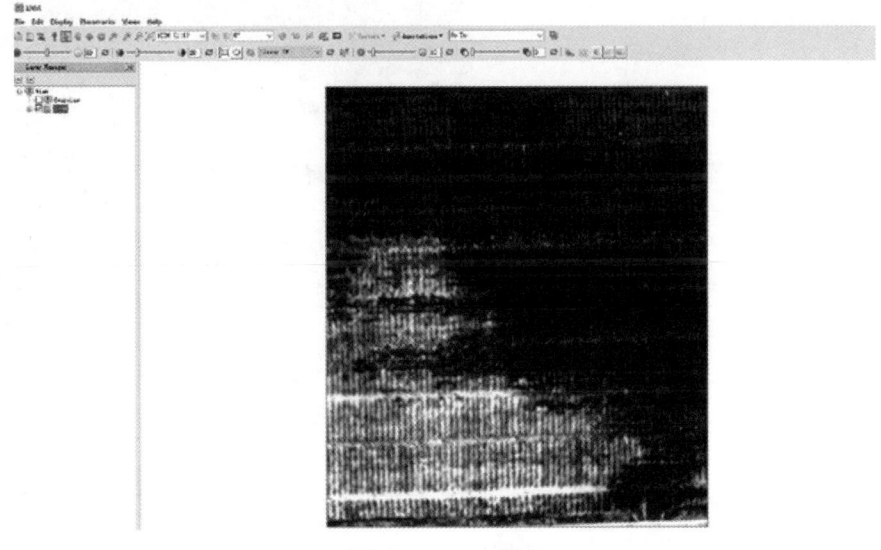

图4.12　ENVI界面

二、选择样本（图4.13至图4.16）

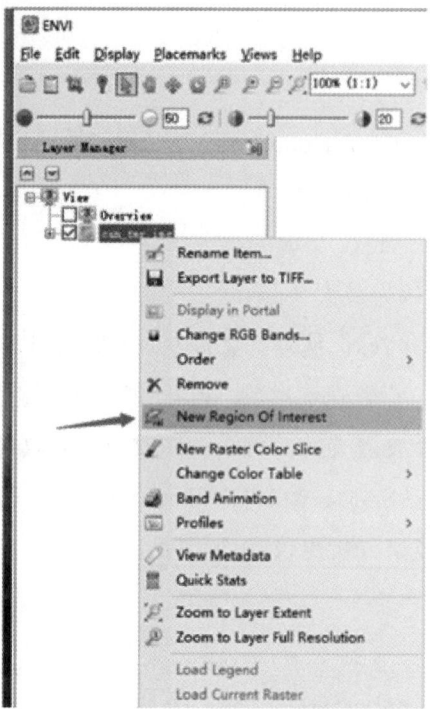

图4.13　新建感兴趣区域

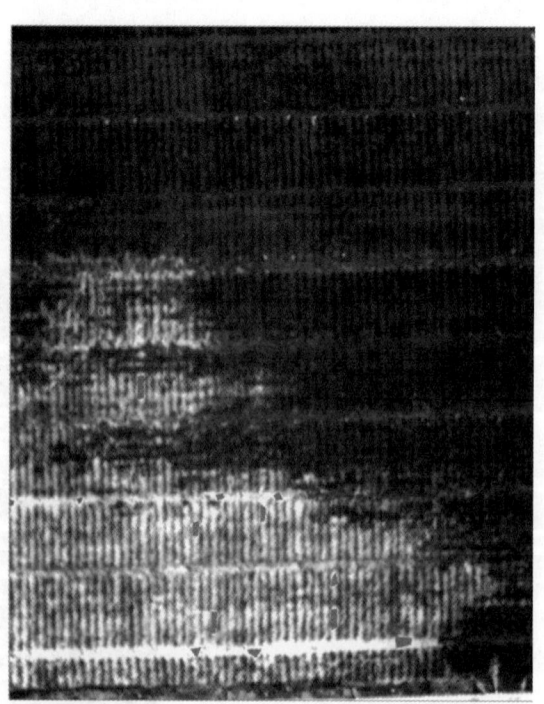

图4.14　浮萍

第四章 农业高光谱数据分析与实践

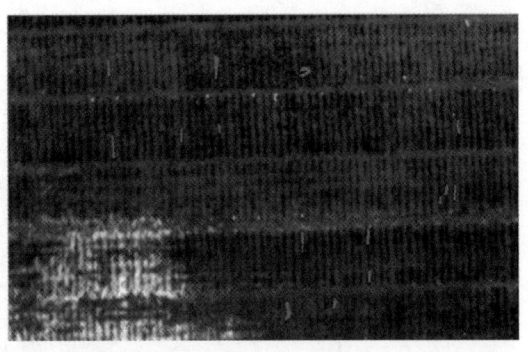

图4.15　水稻

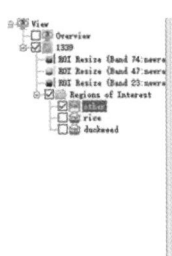
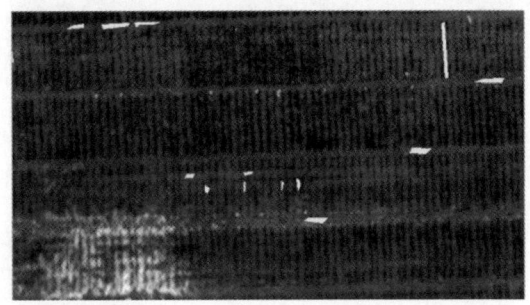

图4.16　背景

三、样本可分离度计算（图4.17和图4.18）

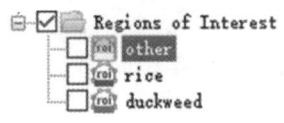
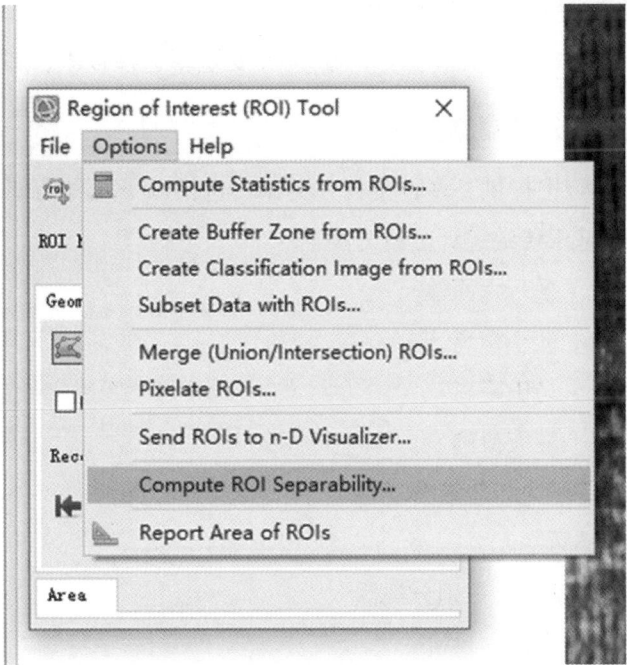

图4.17　样本可分离度计算

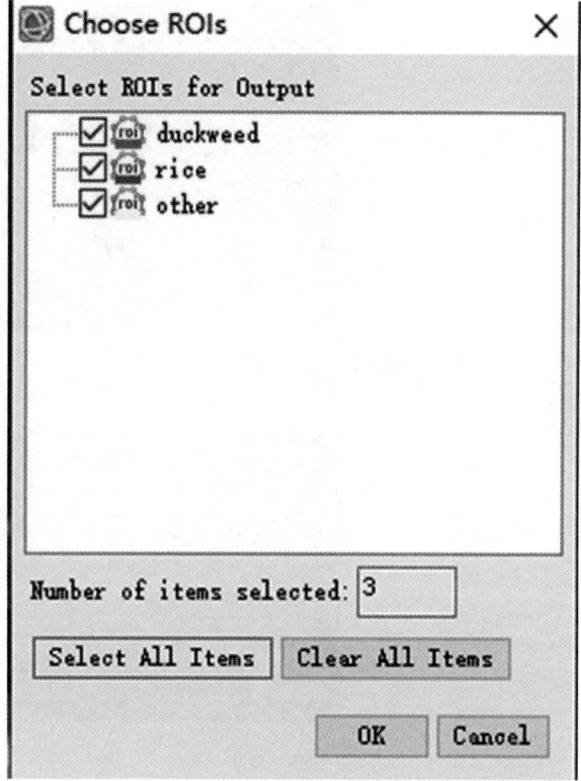

图4.18　选择感兴趣区

四、查看样本分离度

大于1.9，可分离性好，小于1.8要重新选择样本；在此之后保存样本。

五、分类器选择

ENVI中提供了多种监督分类器，包括以下几种类型。

1. 基于传统统计分析分类器

（1）平行六面体。

（2）最小距离。

（3）马氏距离。

（4）最大似然。

2. 基于人工智能分类器

神经网络。

3. 基于模式识别分类器

（1）支持向量机。

（2）模糊分类。以支持向量机分类器为例（图4.19至图4.22）。

图4.19　选择支持向量机分类

图4.20　参数设置

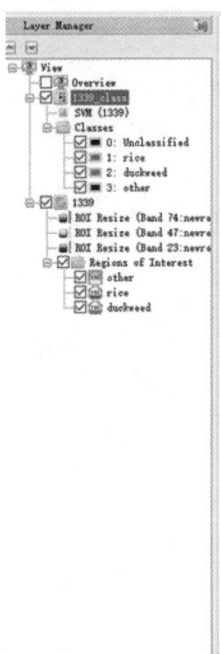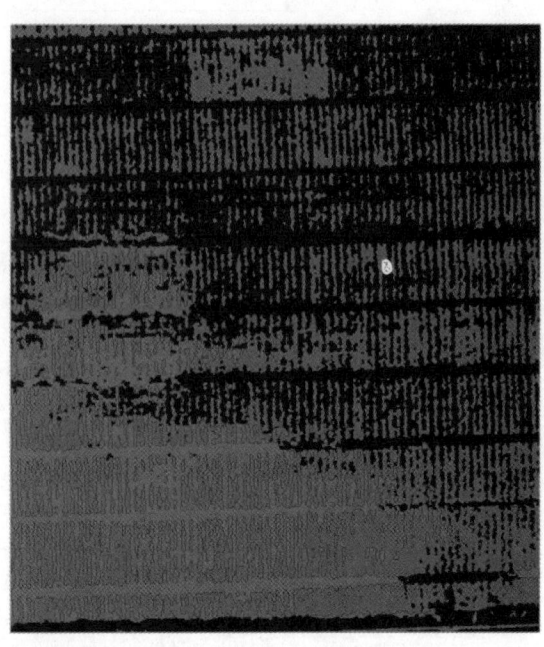

图4.21 分类后结果

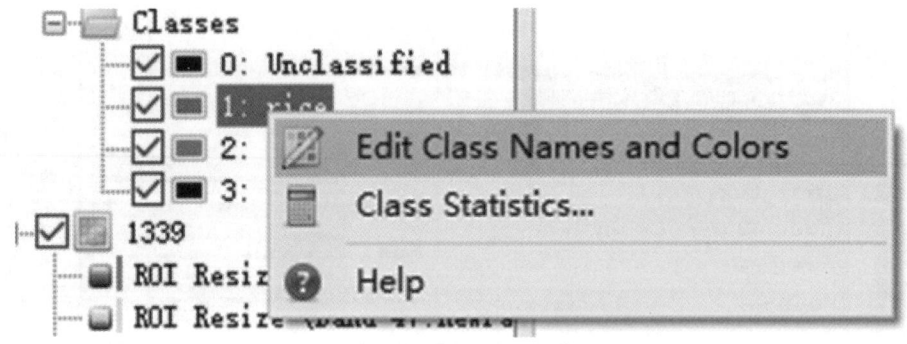

图4.22 对不同样本进行颜色调整

六、结果验证

用混淆矩阵进行验证（图4.23至图4.25）。

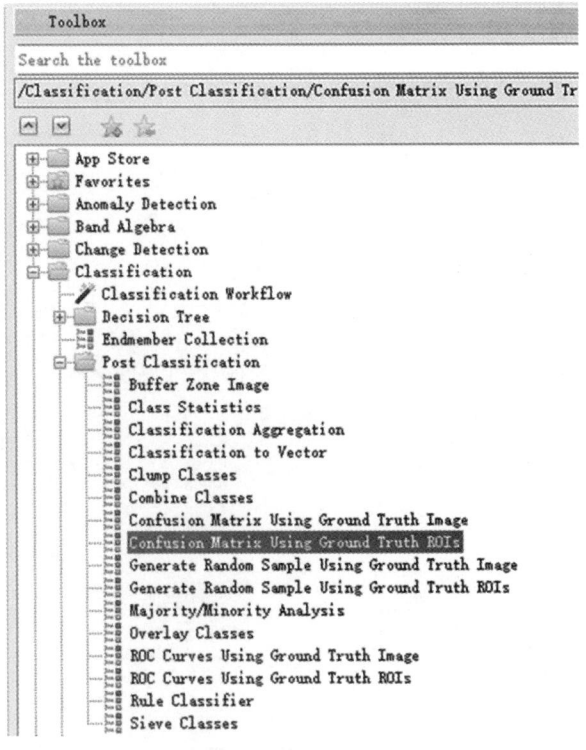

图4.23 选择混淆矩阵

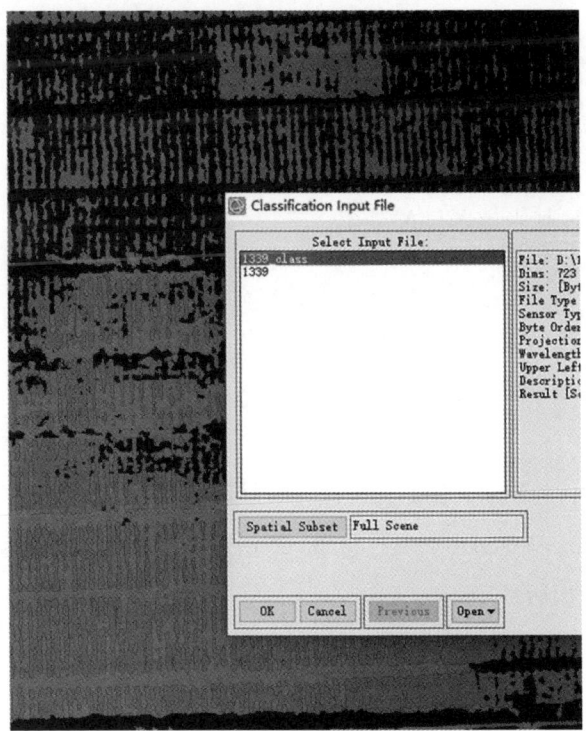

图4.24 选择输入文件

```
Overall Accuracy = (6941/7138)  97.2401%
Kappa Coefficient = 0.9568
                    Ground Truth (Pixels)
     Class          rice      duckweed       other           Total
Unclassified           0             0           0               0
     rice           2174            45          20            2239
 duckweed             51          1544           0            1595
    other             81             0        3223            3304
    Total           2306          1589        3243            7138
                    Ground Truth (Percent)
     Class          rice      duckweed       other           Total
Unclassified        0.00          0.00        0.00            0.00
     rice          94.28          2.83        0.62           31.37
 duckweed           2.21         97.17        0.00           22.35
    other           3.51          0.00       99.38           46.29
    Total         100.00        100.00      100.00          100.00

     Class       Commission    Omission      Commission       Omission
                  (Percent)    (Percent)      (Pixels)         (Pixels)
     rice            2.90        5.72          65/2239         132/2306
 duckweed            3.20        2.83          51/1595          45/1589
    other            2.45        0.62          81/3304          20/3243

     Class       Prod. Acc.    User Acc.     Prod. Acc.       User Acc.
                  (Percent)    (Percent)      (Pixels)         (Pixels)
     rice           94.28        97.10        2174/2306       2174/2239
 duckweed           97.17        96.80        1544/1589       1544/1595
    other           99.38        97.55        3223/3243       3223/3304
```

图4.25 验证结果

课后习题

1. 请画出绿色植被高光谱曲线。
2. 利用ENVI计算植被指数。
3. 利用ENVI进行高光谱影像的分类。

参考文献

何勇，刘飞，李晓丽，等，2016. 光谱及成像技术在农业中的应用[M]. 北京：科学出版社.

李小娟，宫兆宁，刘晓萌，2007. ENVI遥感影像处理[M]. 北京：中国环境科学出版社.

GONZALEZ R C，WOODS R E，2020. 数字图像处理[M]. 阮秋琦，阮宇智，译. 北京：电子工业出版社.

第五章 农业热红外数据分析与实践

第一节 热像仪成像原理及产品介绍

一、红外热像仪原理及产品介绍

红外热像技术是一门获取和分析来自非接触热成像装置的热信息的科学技术。就像照相技术意味着"可见光写入"一样,热成像技术意味着"热量写入"。热成像技术生成的图片被称作"温度记录图"或"热图"。

在了解红外热成像技术之前,首先要知道几个概念,分别是电磁波、可见光、紫外线和红外线(图5.1)。

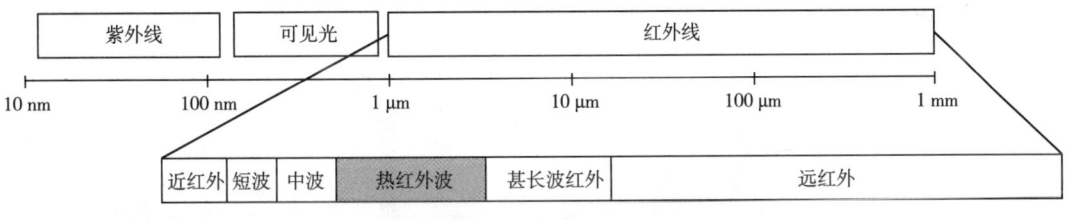

图5.1 电磁辐射频谱

电磁波:物体表面温度如果超过绝对零度(-273℃)即会辐射出电磁波,随着温度变化,电磁波的辐射强度与波长分布特性也随之改变。

可见光:可见光是电磁波谱中人眼可以感知的部分,可见光谱没有精确的范围;一般人的眼睛可以感知的电磁波的波长为0.4~0.75 μm。

紫外线:紫外线指的是电磁波谱中波长为0.1~0.4 μm的总称,不能引起人们的视觉。1801年德国物理学家里特发现在日光光谱的紫端外侧一段能够使含有溴化银的照相底片感光,因而发现了紫外线的存在。紫外线可以用来灭菌,过多的紫外线进入体内会对人体造成皮肤癌。

红外线:波长介于0.78~1 000 μm的电磁波称为红外线,又称红外辐射。其中波长为0.78~2 μm的部分称为近红外，波长为2~1 000 μm的部分称为热红外线。

红外线（或热辐射）是自然界中存在最为广泛的辐射，它还具有两个重要的特征。

特征一，物体的热辐射能量的大小，直接和物体表面的温度相关。热辐射的这个特点使人们可以利用它来对物体进行非接触的温度测量和热状态分析，从而为工业生产、能源、环境保护等方面提供了一个重要的检测手段和诊断工具。

特征二，大气、烟云等吸收可见光和近红外线，但是对3~5 μm和8~14 μm的热红外线却是透明的。因此，这两个波段被称为热红外线的"大气窗口"。利用这两个窗口，使人们在完全无光的夜晚，或是在烟云密布的战场，清晰地观察到前方的情况。由于这个特点，热红外成像技术在军事上提供了先进的夜视装备，并为飞机、舰艇和坦克装上了全天候前视系统。这些系统在现代战争中发挥了非常重要的作用。

通俗地说，红外热成像是将不可见的红外辐射变为可见的热像图，并且能反映出目标表面的温度分布状态。不同物体甚至同一物体不同部位辐射能力和它们对红外线的反射强弱不同。利用物体与背景环境的辐射差异以及景物本身各部分辐射的差异，红外热像图能够呈现景物各部分的辐射起伏，从而显示出景物的特征。

因此，热成像的原理就是任何物体只要其温度高于绝对零度（-273 ℃），虽然不发光，但都能辐射红外线（又称热辐射线）。通过红外热探测器吸收物体辐射的红外线，会根据其温度变化产生电效应，再把电信号经过放大处理，就能得到与物体表面热分布相对应的热像图，即为"热成像"（图5.2）。

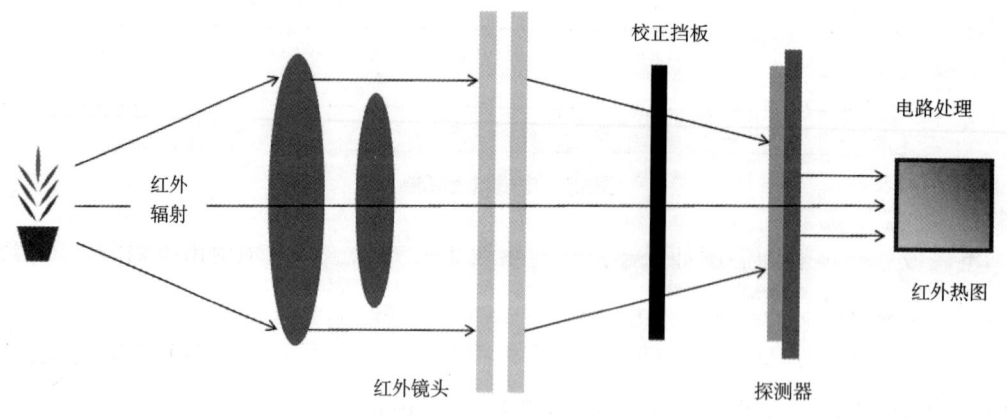

图5.2　热成像原理（示意）

（一）按照工作温度划分

1. 制冷式热成像仪

其探测器中集成了一个低温制冷器，这种装置可以给探测器降温度，这样是为了使热噪声的信号低于成像信号，成像质量更好。

2. 非制冷式热成像仪

其探测器不需要低温制冷，采用的探测器通常是以微测辐射热计为基础，主要有多晶硅和氧化钒两种探测器。

（二）按照功能划分

1. 测温型红外热像仪

可以直接从热图像上读出物体表面任一点的温度数值，这种系统可以作为无损检测仪器，但是有效距离比较短。

2. 非测温型红外热像仪

只能观察到物体表面热辐射的差异，这种系统可以作为观测工具，有效距离非常长。

热成像摄像机无须任何光照，依靠物体自身辐射的红外热能即可清晰成像，适用于任何光照环境，不受强光影响，无论白天、黑夜均可清晰探测和发现目标，识别伪装及隐蔽目标。可真正实现全天24 h监控。

大气、云雾烟尘等会吸收可见光和近红外线，但对3～5 μm（中波红外）和8～14 μm（长波红外）的热红外却是透明的。传统摄像机很难在云雾密布的环境下拍摄到清晰的图像，而热成像摄像机却能有效穿透大气、云雾等环境拍摄出清晰的图像。

热成像摄像机能够将人眼不能直接看到的目标表面分布情况，变成人眼可看到的代表目标表面温度分布的图像，通过对温度场的监控可及时发现温度异常，预防由于温度异常引起的隐患，如火灾、故障排查。

热成像摄像机通过对非接触探测到的红外热能加以量化，能准确测量被摄像物体表面温度，通过对其分析，实现对环境或物体异常温度诊断。可追踪场景或区域高温目标，当温度高于设定值时可发出警报。

以FLIR E40系列为例，该手持红外热像仪结构小巧，重量轻，适用于需要高分辨率和更多功能的用户以及注重测量结果记录的用户。这些红外热像仪是电气机械系统预测性维护计划性检测的有效工具，较大程度地确保了系统的效率和降低系统能耗（图5.3和表5.1）。

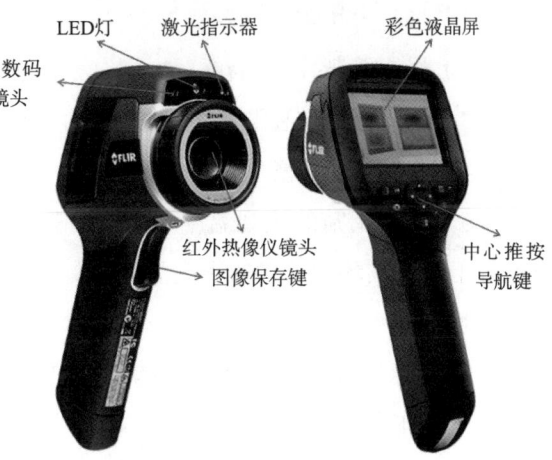

图5.3　FLIR产品（示意）

表5.1 FLIR E40红外热像仪的技术参数

技术名称	具体参数	技术名称	具体参数
热像仪尺寸	246 mm × 97 mm × 184 mm	图像模式	热图像、可见光图像、MSX、图库
热像仪重量	825 g（含电池）	测量模式	自动冷热点标记、等温线（高温和低温温度范围）
红外分辨率	160 × 120像素	测量校正	反射环境温度和反射率校正
温度范围	−20 ~ 650℃	视场角	25° × 19°
热灵敏度	30℃温度下误差<0.07℃	调焦	手动式（短焦距为0.4 m）
摄像机像素	310万像素	波长范围	7.5 ~ 13.5 μm

二、手持红外热像仪主要参数设定

红外热像仪测量目标物体产生的红外辐射并对其进行成像。红外热像仪的主要参数指标包括图像分辨率、热灵敏度（NETD）和测温范围。红外热成像一般受反射温度、距离、相对湿度、大气温度这些环境因素影响，手持热像仪可以通过反射率、反射表象温度、距离、相对湿度和大气温度进行补偿。高温或低温使用环境下，仪器自身性能的偏差热像仪自身都能完整补偿。

因此，为了准确测定目标温度，必须为热像仪本身提供物体参数，包括目标物体的反射率、反射温度、物体与相机之间的距离、相对湿度以及大气温度。

（一）目标参数

1. 反射温度

确定样品的反射温度，可以使用铝箔来确定。

（1）将一大块铝箔弄碎。

（2）将铝箔撕开，贴在一块同样大小的硬纸板上。

（3）将纸板放在要测量的物体前面。确保有铝箔的一面指向相机。

（4）将反射率设置为1.0。

（5）测量铝箔的表观温度并记录下来。铝箔被认为是完美的反射器，因此其表观温度等于从周围环境反射的表观温度。

2. 反射率

正确设置的最重要的被测物体参数是反射率，简言之，它是与相同温度的完美黑体相比，物体发射多少辐射的量度。

通常，物体材料和表面处理的反射率范围为0.10 ~ 0.95。高度抛光（镜面）表面低于0.10，而氧化或涂漆表面具有更高的反射率。无论可见光谱中的颜色如何，油性涂料在红外线中的反射率都超过0.90。人体皮肤的反射率为0.97～0.98。

非氧化金属代表了完美不透明性和高反射率的极端情况，它不会随波长有很大变化。因此，金属的反射率很低，仅随温度升高。对于非金属，反射率往往较高，并随温度降低。

确定反射率，请遵循以下程序。

（1）选择放置样品的位置。

（2）根据前面的程序确定和设置反射表观温度。

（3）将一块已知高反射率的电工胶带贴在样品上。

（4）将样品加热至高于室温至少-253.15℃。加热必须合理均匀。

（5）对焦和自动调整相机，并冻结图像。

（6）调整水平和跨度以获得最佳图像亮度和对比度。

（7）将反射率设置为磁带的反射率（通常为0.97）。

（8）使用以下测量功能之一测量胶带的温度。

①等温线（帮助确定温度和加热样品的均匀程度）。

②点（更简单）。

③箱平均（适用于具有不同反射率的表面）。

（9）写下温度。

（10）将测量功能移动到样品表面。

（11）更改反射率设置，直到读取的温度与之前的测量值相同。

（12）写下反射率。应注意以下内容。

①避免强制对流。

②寻找不会产生点反射的热稳定环境。

③使用不透明且具有高反射率的优质胶带。

④此方法假定胶带温度和样品表面相同。如果不是，反射率测量将是错误的。

3. 反射表现温度

该参数用于补偿物体反射的辐射。如果发射率较低且物体温度与反射温度相对较远，则正确设置和补偿反射表观温度将很重要。

4. 距离

距离是物体与摄像机前镜头之间的距离。该参数用于补偿以下事实。

（1）来自目标的辐射被物体和热像仪之间的大气吸收。

（2）来自大气本身的辐射被热像仪检测到。

5. 相对湿度

热像仪的透射率补偿功能会考虑大气相对湿度的影响。为获得准确的温度读数，应根据实际环境设置相对湿度。对于短距离和正常湿度，相对湿度通常可以保留为默认值50%。

6. 其他参数

此外，FLIR Systems的一些相机和分析程序允许补偿以下参数。

（1）大气温度：相机和目标之间的大气温度。

（2）外部光学温度：任何外部，摄像机前面使用的镜头或窗口的实际温度。

（3）外部光学透射率：即摄像机前面使用的任何外部镜头或窗口的透射率。

（二）机器参数

红外热像仪的成像质量受光圈、景深、热灵敏度等多种因素的影响，同时景深、热灵敏度与光圈也有密不可分的关系。

1. 光圈

对于焦平面探测器，光圈指红外射线可透过镜头的面积大小。对于制冷型热像仪，光圈制冷光栏的设计决定它阻止了侧面的寄生光线，这样，光圈就是焦距与孔径直径的比值（图5.4）。

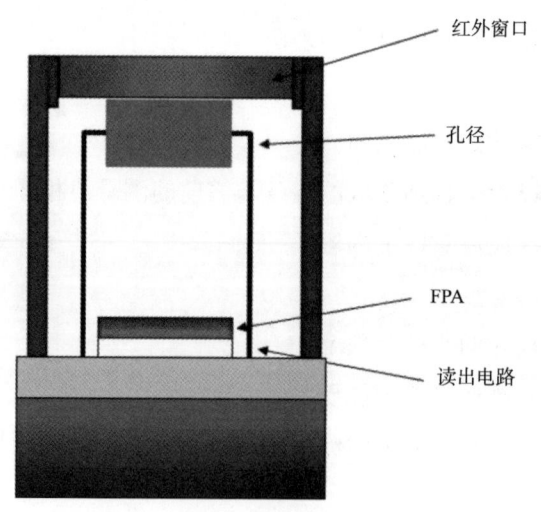

图5.4 光圈（示意）

对于镜头，光圈指的是镜头里面开环或者快门的直径。这是一个无量纲的数值，是焦距与通光孔直径的比值。越小的f值，例如f1或者f1.3，意味着更大的光圈和更多的光线进入探测器，这叫"快"；越高的f值，例如f3或者f4，意味着更小的光圈和更少的光线进入探测器，这叫"慢"。

中波和长波的系统一般配置固定光圈的镜头，大部分也是定焦的，变焦很少见或在更高级的配置中作为选项。短波的系统可以配置可调光圈的镜头。后者需要固定以确定温度和辐射校准是有效的（图5.5）。

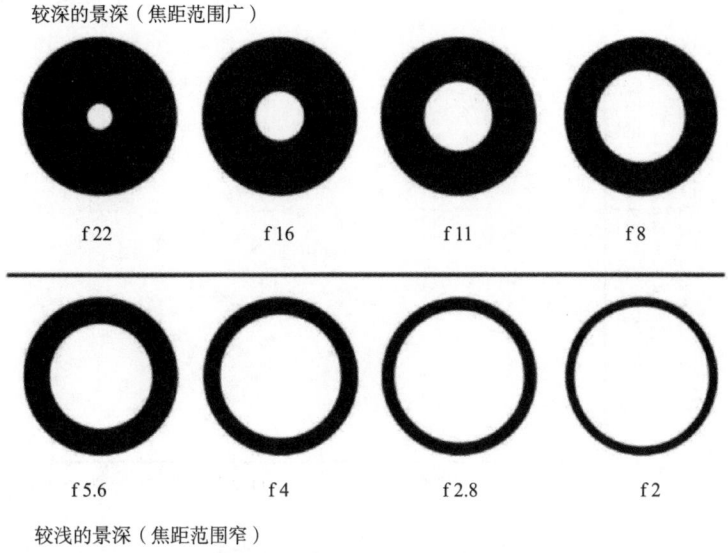

图5.5 不同光圈大小（示意）

错误的匹配是，如果镜头比FRA探测器慢，探测器可以探测到从镜头外投射过来的射线，也会探测到来自镜头内部的辐射。镜头内部一般都涂有发射红外的涂层。所以系统对于镜头的温度非常敏感，会对最终的测温产生影响。正确的方式是，镜头比制冷光栏快一点，探测器可以探测到透过镜头的辐射。但是系统对于镜头温度不敏感。

2. 景深

景深和光圈成比例，也和聚焦距离有关系。图5.6展示了在标准配置下两种设备的景深和工作距离的关系（以mm为单位）。

一般而言，为了收集到足够的光，非制冷热像仪需要更快的光路，这对于图像质量有帮助（更少的噪声），但是景深会差一点，如果在很近的距离工作，往往热像仪不能在全视场对焦。

一般，非制冷型热像仪设定如下。

（1）A615，640×480 pixels。

（2）24 mm lens，f1。

（3）Pitch17 μm。

制冷型热像仪设定如下。

（1）A6651，640×512 pixels。

（2）25 mm lens，f2.5。

(3) Pitch15 μm。

由于更好的景深，制冷热像仪能更好地工作，特别是在近距离测温的应用中。A6651也可以配f4的镜头。这样，热像仪会有更好的景深但是却需要更长的积分时间保证信噪比。

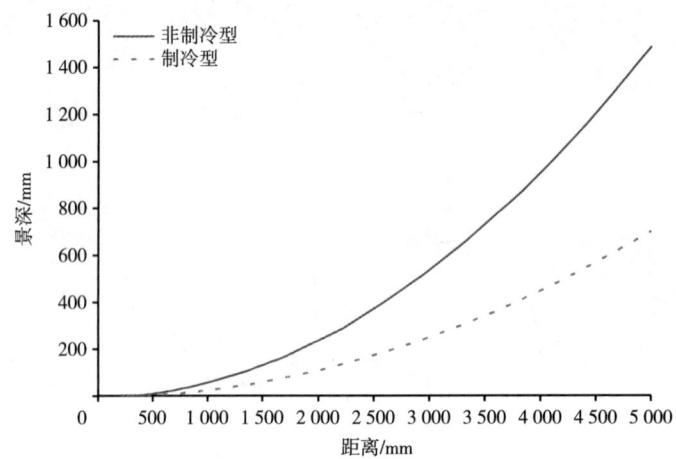

图5.6 景深与工作距离的关系

3. 热灵敏度

热灵敏度是设备的系统噪声的品质参数。它表示热分辨率，是测试最小温差的能力，不是恒定值。

（1）在给定测量范围内，温度越高热灵敏度越小（更好）。

（2）当测量范围变大，热灵敏度就会变大（不好）。

（3）对于制冷热像仪，积分时间减小会导致热灵敏度变大（不好）。

热灵敏度是通过短时间的统计核算出来的。注意：在正常的操作温度中和热灵敏度一样的温差是测量不出来的。假设噪声是高斯分布的，需要6倍的热灵敏度值才能确认是否为噪声。

热灵敏度一般定义在30℃的时候，如表5.2所示。

表5.2 在30℃环境下FLIR热像仪的热灵敏度变化

	型号	热灵敏度/mK
非制冷型热像仪	A5、A15、A35、A65	<50
	A3xx	<50
	A6xx	<50
	AX8	<100
制冷型热像仪	G300PT和G300A	<15
	A66xx和A665x	<20

看上去所有的系统都有很好的噪声性能,一些非制冷的探测器看上去和制冷探测器性能差不多。但是比较热灵敏度,一个重要的因素就是测量的时候把光圈的值考虑进去。把热灵敏度除以光圈的面积,归一化到f1,可以得到可比较的热灵敏度值,如表5.3所示。

表5.3　在30℃环境下,归一化到f1比较不同的FLIR热像仪的热灵敏度

	型号	原始热灵敏度/mK	光圈大小	归一化后热灵敏度/mK
非制冷型热像仪	A5、A15、A35、A65	<50	f1.25	<32
	A3xx	<50	f1.3	<29.6
	A6xx	<50	f1	<50
	AX8	<100	f1.1	<82.6
制冷型热像仪	G300PT和G300A	<15	f1.5	<6.7
	A66xx和A665x	<20	f2.5	<3.2

表5.3比较的结论是制冷探测器更敏感,可以探测更小的温差,这对热像仪的应用很重要。

FLIR的图像处理可以连接电脑,软件FLIR Tools可以直接连接,还有专用科研软件及设备。

红外热像容易定性,不容易定量,测量时首先要进行定性,然后再定量。定量牵涉测量,如何精确测温,是需要经过专业培训的。要正确设置测量参数,包括反射率、反射表象温度、距离、相对湿度、大气温度等。

红外热像仪显示的红外图像是物体红外辐射的二维图像化,它反映物体表面的温度分布状况,但要想准确测量图像中物体各点的温度,还要对一些物体参数进行设置。从红外热图中看到的物体表面温度与辐射率有着密切的关系,要学习识别和分析红外图像因辐射率的不同而产生的不同现象,不要主观分析。

红外图像中各点的温度都是可测量的,测量模式包括点温、线温、等温、区域温度等,其中点温或区域温度用得较多。基本概念如下:

(1)红外光学镜头。红外光学镜头通常是由一组透镜组成,它们可以将接收到的各种红外线最终焦距到红外探测器上,进行光电转换处理。

红外光学镜头中使用最多的是折射率为4的锗晶体,它适用于2~25 μm波段。折射率为3的硅常用在1~6 μm波段。耐热冲击的导弹整流罩,以采用热压的MgF_2和ZnS最佳。

（2）视场角（FOV）。视场角是由镜头系统主平面与光轴交点看景物或看成像面的线长度时所张的角度，通俗地说，镜头有一个确定的视野，镜头对这个视野的高度和宽度的张角称为视场角。

（3）测温精度。测温精度是指测温型红外热像仪进行温度测量时，读取的温度数据与实际温度的差异。此数值越小，代表热像仪的性能越好。

（4）测温范围。测温范围是指测温型红外热像仪可以测量到的最高温度和最低温度的范围。

（5）焦距。透镜中心到其焦点的距离，通常用 f 表示。焦距的单位通常用mm表示，一个镜头的焦距一般都标在镜头的前面，如 f = 50 mm（通常所说的"标准镜头"），28～70 mm（最常用的镜头）、70～210 mm（长焦镜头）等。焦距越大，可清晰成像的距离就越远（图5.7）。

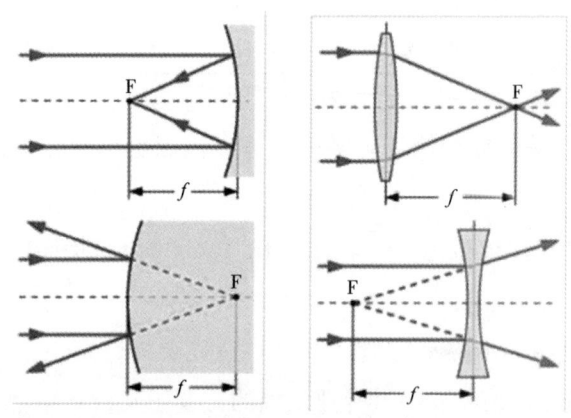

图5.7　不同焦距成像（示意）

（6）空间分辨率。空间分辨率是指图像中可辨认的临界物体空间几何长度的最小极限，即对细微结构的分辨率。数值越小，分辨率越高。

（7）最小可分辨温差（MRTD）。在热成像中，MRTD是综合评价系统温度分辨率和空间分辨力的重要参数。

在确定空间频率下，观察者刚好能分辨（50%概率）出四条带图案时，目标与背景之间的温差称为该空间频率的最小可分辨温差。MRTD值越小，红外热像仪性能越好。

（8）噪声等效温差，又称热灵敏度（NETD）。热像仪对测度图案进行观察，当系统的基准电子滤波器输出的信号电压峰值和噪声电压的均方根之比为1时，黑体目标和黑体背景的温差称为噪声等效温差。NETD越小，表示成像画面质量越好。

（9）鬼影。鬼影是指红外图像中出现的不随目标变化的或明或暗的纹路，它是由于红外探测器的探测元对红外辐射的响应率不均匀造成的。

（10）坏点。坏点指在红外图像中坐标不随目标变化的明暗斑点，是由探测器的单个探测元对红外辐射的响应率过高或过低造成的，也称无效像元。

（11）非均匀性校正。由于红外探测器制造工艺的局限，红外探测器每个探测元对红外辐射的响应率不同，成像面上会出现上述鬼影和坏点现象，影响热像仪的成像质量。非均匀性校正是指有效降低探测器的响应率不均匀性，提高热像仪成像质量的一种技术手段。经过非均匀性校正的热像仪成像画面均匀，鬼影和坏点现象消失，成像效果得到明显改善，可大大提高热像仪的观察能力。

（12）补偿。补偿也称为校正，是为了获得非均匀性校正所需的原始数据，从而得到理想的红外图像，在图像出现不清晰的时候，可对热像仪进行补偿操作。补偿目标可以根据现场环境和目标特性选择不同的但温度均匀的物体，这个物体可以是干净无云的天空、热像仪的内置快门或者关闭的镜头盖等（图5.8和图5.9）。

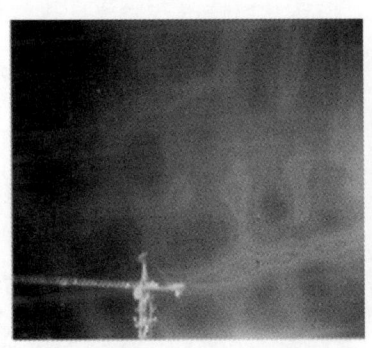 

图5.8　非均匀校正前（左）和非均匀校正后（右）

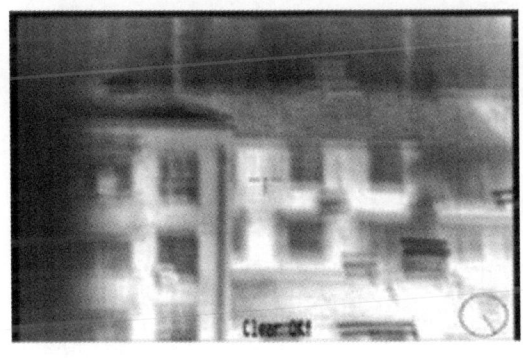 

图5.9　补偿前红外图像（左）和补偿后红外图像（右）

三、红外测温仪与红外热像仪的对比

热像仪的一大优势是可以看到物体完整的温度分布，而不仅仅是类似热电偶测出的点温度。这样就有了大量的数据，同时还有其他传感器的信息，如压力、速度和湿度数据。FLIR会将全部这些传感器信息进行整合，并试图进行解读。热像仪和热电偶的使用场合不同，各有优缺点。比如热像仪的特点在于它的二维性、实时性和非接触性，主要用于物体表面温度及发热特征的判定。在有多个接点要同时检测的情况下，热像仪的优势就体现出来了，而热电偶在测量物体内部温度时就很有用。在精度方面，热像仪的精度更高。

红外热像仪作为一种温度检测的高端仪器，与红外点温仪相比，具有明显的优势。

其一，具备成像功能，直观显示高温区域、低温区域。

其二，测温更精确。

其三，测温非接触性，保证设备的正常运营和测试人员的安全。

其四，可视化报告，便于清晰分享图像和供专业人员分享技术分析。

红外测温仪对单点温度测量非常有用，但若是扫描大的区域或部件，则非常容易漏掉关键问题。红外热像仪可扫描整个区域和产品。相较于点温仪，热像仪测温速度更快，更容易找到问题，极为精准采用点测温模式的红外测温仪则很容易漏掉关键的科学问题（图5.10）。

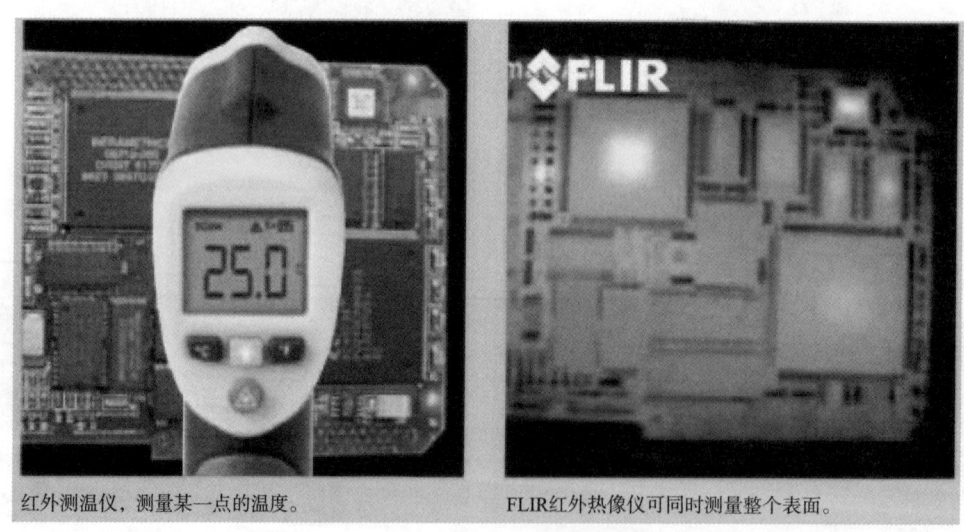

红外测温仪，测量某一点的温度。　　FLIR红外热像仪可同时测量整个表面。

图5.10　红外测温仪（示意，左）和红外热像仪测温效果（示意，右）

红外热像仪可一次扫描整个电机、部件或面板，不会漏掉任何过热风险。红外热像仪可测量整个图像上的温度。以FLIR E4系列为例，该热像仪的图像分辨率为80×60像素。这就意味着，其测温效率相当于同时使用4 800台红外测温仪。

第二节　FLIR Tools软件介绍及应用

一、简介及安装

FLIR Tools或Tools+是一个集成软件，用于更新热像仪和创建检测报告。可以在FLIR Tools或Tools+中执行的操作示例如下（图5.11）。

将图像从相机导入计算机。

搜索图像时应用过滤器。

在任何红外图像上布置、移动和调整测量工具的大小。

对文件进行分组和取消分组。

通过将几张较小的图像拼接成一张较大的图像来创建全景图。

创建选择好的任何图像的PDF图像表。

向图像表添加页眉、页脚和徽标。

为选择的图像创建PDF或Microsoft Word报告。

向报表添加页眉、页脚和徽标。

使用最新固件更新相机。

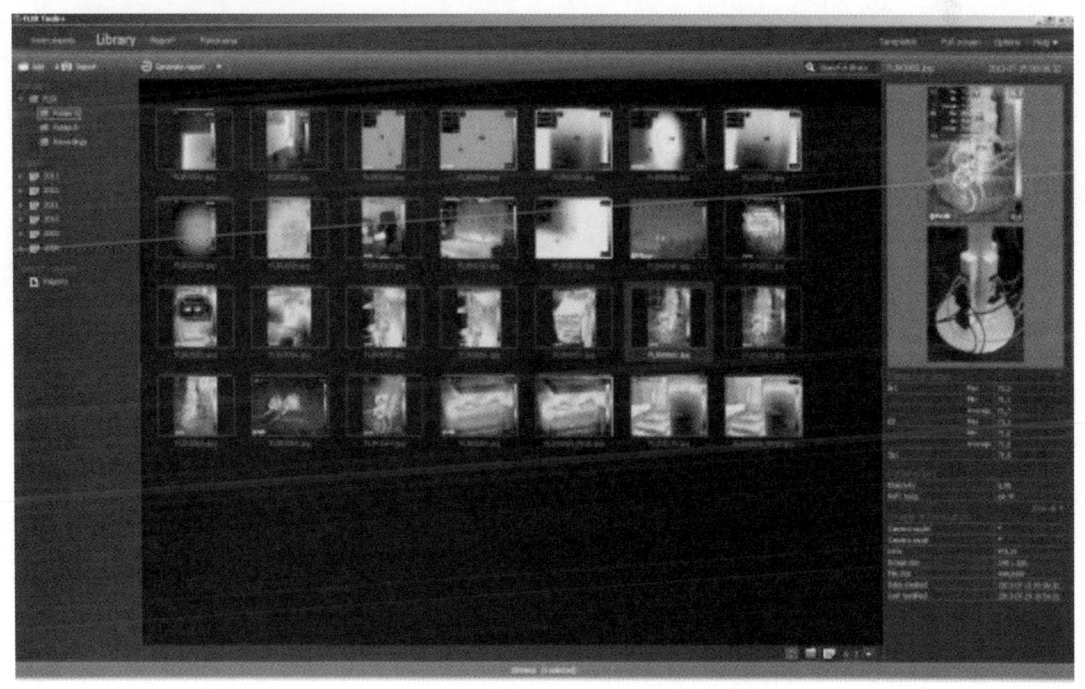

图5.11　FLIR Tools运行首页

（一）安装

1. 系统要求

操作系统FLIR Tools或Tools+支持以下计算机操作系统的USB2.0和USB3.0通信。

（1）Microsoft Windows7，32位。

（2）Microsoft Windows7，64位。

（3）Microsoft Windows8，32位。

（4）Microsoft Windows8，64位。

（5）Microsoft Windows10，32位。

（6）Microsoft Windows10，64位。

硬件如下。

（1）具有双核2 GHz处理器的个人计算机。

（2）4 GB RAM（最低要求，推荐8 GB）。

（3）128 GB硬盘，至少有15 GB可用硬盘空间。

（4）DVD-ROM驱动器。

（5）支持DirectX9图形。

①WDDM驱动程序。

②128 MB图形内存（最低要求）。

③硬件中的Pixel Shader2.0。

④每像素32位。

（6）SVGA（1 024×768）显示器（或更高分辨率）。

（7）互联网接入（可能收费）。

（8）音频输出。

（9）键盘和鼠标，或兼容的指点设备。

2. 安装FLIR Tools或Tools+

需要注意的是，如果已安装了带有旧版FLIR Word插件（5.12或更低版本）的FLIR Tools或Tools+，必须先卸载此版本的FLIR Tools或Tools+。

在安装FLIR Tools或Tools+之前，关闭所有程序。

安装过程将按照以下过程（图5.12）。

（1）双击安装文件FLIR Tools.exe，启动安装向导。

（2）选中我同意许可条款和条件以及FLIR Report Studio复选框。单击安装，启动FLIR Tools或Tools+的设置。

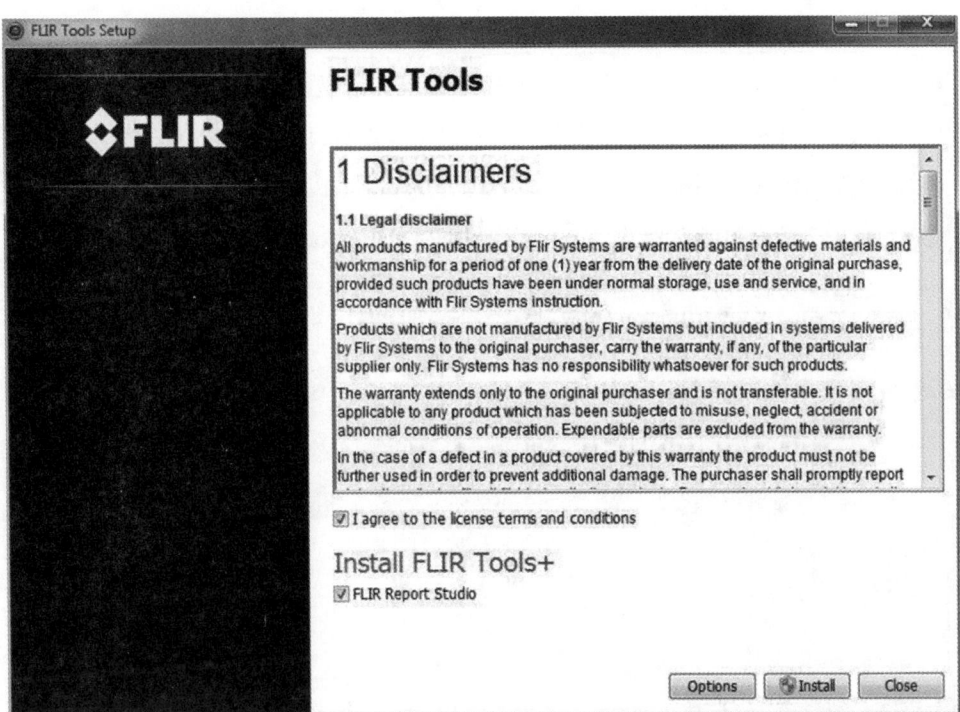

图5.12 点击安装

(3) 设置完成后,单击关闭(图5.13)。

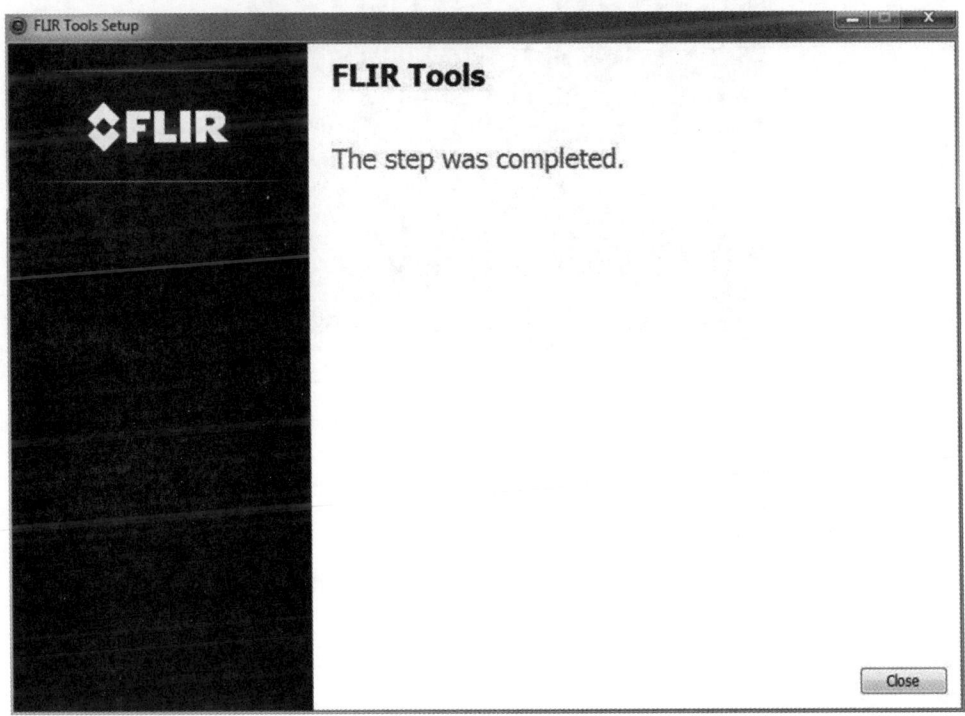

图5.13 点击关闭

(4)安装完成。

如果系统要求重新启动计算机,请执行此操作。请遵循以下程序。

(1)将FLIR Tools或Tools+安装CD或DVD插入CD或DVD驱动器。安装应自动开始。

(2)在自动播放对话框中,单击运行setup.exe(由FLIR Systems发布)。

(3)在用户账户控制对话框中,确认要安装FLIR Tools或Tools+。

(4)在准备安装程序对话框中,单击安装。

(5)单击完成。

红外检测工作流程如图5.14所示。

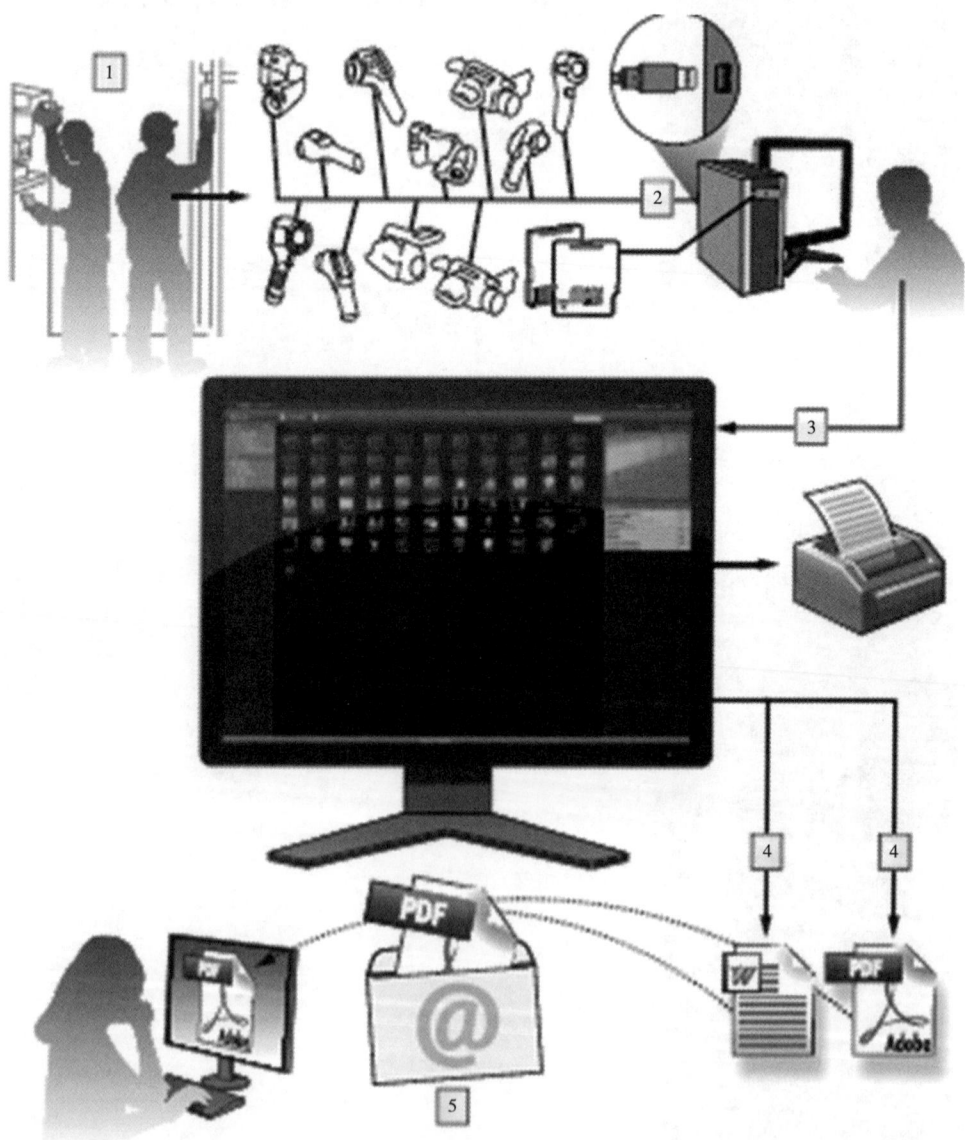

图5.14 红外检测工作流程

（二）图像处理流程

1. 准备工作

使用相机拍摄红外图像或数码照片。

（1）使用USB连接器将相机连接到计算机。

（2）将相机中的图像导入FLIR Tools或Tools+。

（3）执行以下操作之一。

①在FLIR Tools中创建PDF图像表。

②在FLIR Tools中创建PDF报告。

③在FLIR Tools+中创建非辐射Microsoft Word报告。

④在FLIR Tools+中创建辐射Microsoft Word报告。

（4）将报告另存为，导出文档。

2. 导入图像

（1）启动FLIR Tools或Tools+。

（2）打开相机。

（3）使用USB数据线将相机连接到计算机。

注意：对于一些较旧型号的相机，需要将USB模式设置为大容量存储设备（MSD）或大容量存储设备UVC（MSD-UVC）。

（4）单击从相机导入图像。这将显示一个对话框，可以在其中查看相机中的图像。对于具有多个文件夹的摄像机，可以在左侧窗格中选择文件夹。

（5）在右窗格中，选择一个或多个复选框。

①隐藏已导入的项目。

②导入后从设备中删除项目。

③提高图像分辨率（UltraMax，见下文）。

④增强前备份原始图像。

（6）适用于多个文件夹的相机。执行以下操作之一。

①要导入所有文件夹中的所有图像，请单击左下角的导入所有文件夹。

②要导入多个文件夹中的所有图像，请使用Ctrl键并单击以选择文件夹。然后点击右下角的导入文件夹。

③要导入一个文件夹中的所有图像，请选择文件夹，然后单击右下角的导入文件夹。

④要在一个文件夹中导入选定的图像，请选择文件夹并使用Ctrl键并单击以选择图像。然后点击右下角的导入项目。

（7）适用于一个文件夹的相机。执行以下操作之一。

①要导入所有图像，请单击左下方的全部导入。

②要导入选定的图像，请使用Ctrl键并单击以选择图像。然后点击右下角的导入项目。

（8）显示选择目的地对话框。选择目标文件夹或创建新的子文件夹。

（9）单击导入。这将开始导入图像。

导入图像时，将保留所有文件关联。例如，如果数码照片与相机中的红外图像组合在一起，则该关联将保留在FLIR Tools或Tools+中。这同样适用于文本注释、语音注释、草图等。

当从具有多个文件夹的相机导入图像时，相机文件夹结构将保留在计算机上的目标文件夹中。

3. 关于UltraMax

UltraMax是一种图像增强功能，可提高图像分辨率并降低噪声，使小物体更易于查看和测量。UltraMax图像的宽度和高度是普通图像的两倍。

当相机捕捉到UltraMax图像时，多张普通图像会保存在同一个文件中。捕获所有图像最多可能需要1 s。要充分利用UltraMax，图像需要略有不同，可以通过相机的轻微移动来实现。应将相机牢牢握在手中（不要将其放在三脚架上），这样会使这些图像在拍摄过程中略有变化。正确的对焦、高对比度的场景和不动的目标是有助于获得高质量UltraMax图像的其他条件。

二、窗口要素说明

窗口要素界面如图5.15所示。

（1）文件夹窗格。

（2）程序选项卡。

①库。

②报告。

（3）所选文件夹的缩略图视图。

（4）菜单栏。

①模板。

②全屏。

③选项。

④查看：库、报告、单位、语言。

⑤帮助。

⑥账户。

（5）红外图像的缩略图。

（6）数码照片的缩略图视图。

（7）测量窗格。

注意：结果表中的图标 ✕ 表示测量结果高于或低于红外热像仪的校准温度范围，因此不正确。这种现象称为上溢或下溢。结果表中的图标 ⚠ 表示测量结果太接近红外热像仪的校准温度范围，因此不可靠。

（8）参数窗格。

（9）图像信息窗格。

1—文件夹窗格；2—程序选项卡；3—所选文件夹的缩略图视图；4—菜单栏；5—红外图像的缩略图；
6—数码照片的缩略图视图；7—测量窗格；8—参数窗格；9—图像信息窗格。

图5.15　窗口要素界面

（一）图像处理过程

1. 概述

FLIR Report Studio图像编辑器是分析和编辑红外图像的强大工具。以下是可以试验的一些功能和设置。

（1）添加测量工具。

（2）调整红外图像。

（3）改变颜色分布。

（4）更改调色板。

（5）改变图像模式。

（6）使用颜色警报和等温线。

（7）更改测量参数。

2. 启动图像编辑器

可以使用FLIR Word插件从可编辑（辐射）红外报告启动图像编辑器。还可以从FLIR Report Studio向导启动图像编辑器。

（1）从FLIR Word插件启动图像编辑器，遵循此过程。

①双击报告中的图像。

②选择图像并单击FLIR选项卡上的图像编辑器。

③右键单击图像并选择编辑图像。

（2）从FLIR Report Studio向导启动图像编辑器，按照以下步骤操作。

①在中心窗格中，双击图像。

②在右窗格中，双击图像。

（3）注意。

①如果从中心窗格编辑图像，原始图像将被更改。

②如果从右窗格编辑图像，则只会更改报告中的图像。

3. 图像编辑器窗口要素说明（图5.16）

（1）测量工具栏。

（2）图像模式工具栏。

（3）温标。

（4）红外图像的缩略图。

（5）数码照片的缩略图视图（如果有）。

（6）结果和信息窗格。

①注释。

②测量。

③参数。

④注释。

⑤图像信息。

（7）取消按钮。

（8）保存并关闭按钮。

（9）保存按钮。

（10）自动调整按钮。

（11）导航按钮（单击按钮转到上一个或下一个图像）。

（12）缩放设置按钮（单击按钮并选择重置缩放设置）。

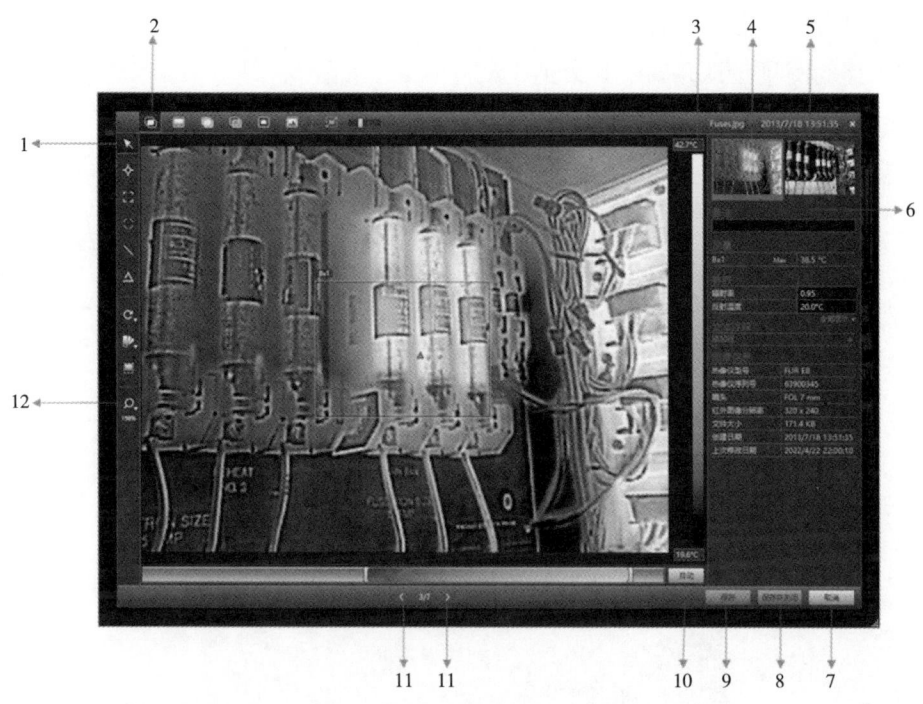

1—测量工具栏；2—图像模式工具栏；3—温标；4—红外图像的缩略图；5—数码照片的缩略图视图；6—结果和信息窗格；7—取消按钮；8—保存并关闭按钮；9—保存按钮；10—自动调整按钮；11—导航按钮；12—缩放设置按钮。

图5.16　图像编辑器窗口

4. 图像编辑基本功能（旋转图像）

在测量工具栏上，选择 ![icon]（旋转图像和测量）。

在工具栏上，执行以下操作之一。

（1）单击 ![icon] 逆时针旋转图像。

（2）单击 ![icon] 顺时针旋转图像。

5. 测量工具

要测量温度，可以使用一个或多个测量工具，例如点、框、圆或线。当向图像添加测量工具时，测量的温度将显示在图像编辑器的右侧窗格中。工具设置也将保存到图像文件中，测得的温度将显示在红外报告中。

添加测量工具步骤如下。

（1）在测量工具栏上，选择以下选项之一。

①选择"添加点"添加点。

②选择"添加框"添加框。

③选择"添加椭圆"添加椭圆。

④选择"添加线"添加线。

（2）单击图像上要放置测量工具的位置。

（3）移动测量工具并调整其大小，请按照以下步骤操作。

①在测量工具栏上，选择 （选择）。

②要移动测量工具，请选择图像上的工具并将其拖动到新位置。

③要调整测量工具的大小，请在图像上选择该工具，然后使用选择工具拖动工具边框周围显示的手柄（图5.17）。

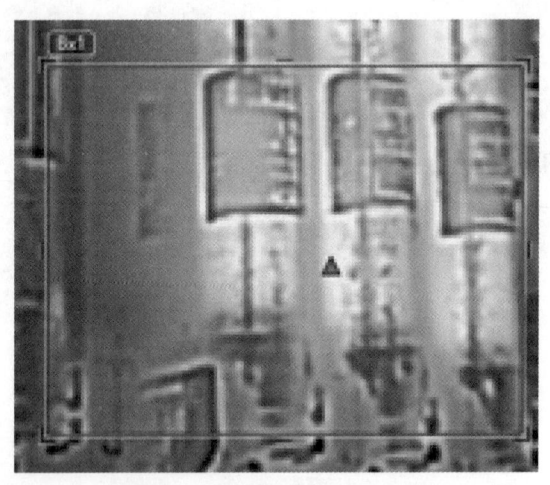

图5.17 调整测量工具大小界面

（二）图像处理步骤

1. 为测量工具创建本地标记

图像编辑器将显示相机中设置的测量工具的任何现有标记。但是，如果希望在分析图像时添加标记，可以使用本地标记来执行此操作。操作流程如下。

（1）在测量工具栏上，选择 （选择）。

（2）右键单击该工具并选择局部最大值、最小值、平均值或标记等。

（3）在对话框中，选择或清除要添加或删除的标记。

（4）单击确定。

2. 面积计算

图像参数数据中包含的距离可以作为面积计算的基础。要计算表面的面积，需要在图像中添加一个方框或圆形测量工具。图像编辑器计算由方框或圆形工具包围的表面面积。该计算是基于距离值对表面积的估计。面积计算步骤如下。

（1）添加一个方框或圆形测量工具，请参阅添加测量工具。

（2）将方框或圆形工具的大小调整为对象的大小，请参阅移动和调整测量工具的大小。

（3）右键单击该工具并选择局部最大值、最小值、平均值或标记等。

①在对话框中，选中Area复选框。

②将在测量窗格中显示基于距离值的计算面积。

（4）要更改距离值，请单击参数窗格中的值字段，输入新值并按Enter。基于新距离值重新计算的面积显示在测量窗格中。

3. 长度计算

图像参数数据中包含的距离可作为长度计算的基础。要计算长度，需要在图像中添加线测量工具。图像编辑器根据距离值计算线长度的估计值。长度计算步骤如下。

（1）添加线测量工具，请参见添加测量工具。

（2）将线条工具的大小调整为对象的大小，请参阅移动和调整测量工具的大小。

（3）右键单击该工具并选择局部最大值、最小值、平均值或标记等，在对话框中，选中Length复选框。这将在测量窗格中显示基于距离值计算的长度。

（4）要更改距离值，请单击参数窗格中的值字段，输入新值并按Enter。基于新距离值重新计算的面积显示在测量窗格中。

4. 设置差值计算

差值计算即计算两个温度之间的差值（delta），例如，两个点或一个点和图像中的最高温度。注意：此过程假定之前已将至少一个测量工具添加到图像中。插值计算步骤如下。

（1）在测量工具栏上，选择 △（添加增量）。

（2）差异计算显示在右侧窗格的测量下。 Dt1 Bx1.Max - 参考温度 38.5 ℃

（3）要更改差值计算的设置，请执行以下操作。

①在右窗格中，单击 （编辑）。这将显示一个对话框。

②在对话框中，选择测量工具以及要在差异计算中使用的值（最大值、最小值或平均值）。除此之外，还可以选择固定温度参考。

（4）要删除差异计算，请单击 ✖（删除）。

5. 删除测量工具

删除测量工具，将按照以下步骤操作。

（1）在测量工具栏上，选择 ▶（选择）。

（2）选择图像上的测量工具并执行以下操作之一。

①按键盘上的Delete键。

②右键单击该工具并选择删除。

（3）注意：删除差值计算中包含的测量工具也会删除差值计算。

6. 调整红外图像

红外图像可以手动或自动调整。在图像编辑器中，可以手动更改温标中的顶部和底部级别。这使得分析图像更容易。例如，可以将温标更改为接近图像中特定对象温度的值。这将使检测感兴趣图像部分中的异常和较小的温差成为可能。自动调整图像时，图像编辑器会调整图像，从而获得最佳图像亮度和对比度。这意味着颜色信息分布在图像的现有温度上。在某些情况下，图像可能包含感兴趣区域之外非常热或冷的区域。在这种情况下，需要在自动调整图像时排除这些区域，并仅将颜色信息用于感兴趣区域的温度。可以通过定义一个自动调整区域来做到这一点。

7. 更改色彩分布

（1）图像中的颜色分布可以更改。不同的色彩分布可以更轻松、更彻底地分析图像。可以从以下色彩分布中进行选择。

①温度线性：这是一种图像显示方法，其中图像中的颜色信息与像素的温度值呈线性分布。

②直方图均衡化：这是一种图像显示方法，将颜色信息分布在图像的现有温度上。当图像在非常高的温度值处包含很少的峰值时，这种分布信息的方法可能特别成功。

③信号线性：这是一种图像显示方法，其中图像中的颜色信息与像素的信号值呈线性分布。

（2）右键单击图像并选择色彩分布，如图5.18所示。

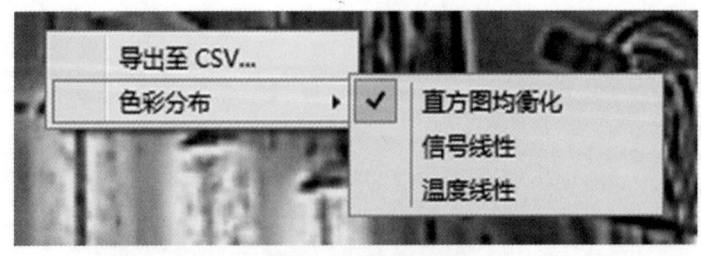

图5.18 调色板界面

（3）在菜单上，选择以下选项之一。

①直方图均衡化。

②信号线性。

③温度线性。

8. 更改调色板

可以更改用于在图像中显示不同温度的调色板。不同的调色板可以更容易地分析图像。

遵循以下步骤。

（1）在测量工具栏上，选择 ▦（颜色）（图5.19）。

图5.19　调色板界面

（2）在菜单上，单击要使用的调色板。

9. 更改图像模式

对于某些图像，可以更改图像模式。

（1）在图像模式工具栏上，选择以下选项之一。

① 红外图像（MSX）。

② 红外图像。

③ 热成像融合。

④ 混合红外图像。

⑤ 画中画。

⑥ 可见光图像。

（2）适用于红外图像MSX和混合红外图像模式：要调整照片平衡，单击图像模式图标旁边的箭头 并向左或向右拖动滑块。

（3）适用于数码相机模式：要将图像更改为灰度，请单击图像模式图标旁边的箭头并选中复选框。

（4）注意：数码相机的灰度设置在切换到使用视觉图像的其他图像模式时保持不变，例如热成像融合、混合红外图像和画中画模式。

10. 使用颜色警报和等温线

通过使用颜色警报（等温线），可以很容易地在红外图像中发现异常。

等温线命令将对比色应用于具有温度的所有像素高于、低于或介于设定温度水平之间。

可以选择以下类型的颜色警报。

（1）之上警报：将对温度高于指定温度水平的所有像素应用对比色。

（2）之下警报：将对温度低于指定温度水平的所有像素应用对比色。

（3）间隔警报：将对温度在两个指定温度水平之间的所有像素应用对比色。

（4）湿度警报：当检测到相对湿度超过预设值的表面时触发。

（5）保温警报：当墙壁绝缘不足时触发。

（6）自定义警报：此警报类型允许手动修改标准警报的设置。

激活的颜色警报的设置参数显示在右侧窗格的报警下。

11. 更改测量工具的本地参数

为了精确测量，设置测量参数很重要。与图像一起存储的测量参数显示在右侧窗格中的参数中。

在某些情况下，只更改一种测量工具的测量（对象）参数。造成这种情况的原因可能是测量工具位于比图像中的其他表面反射得多的表面前面，或者位于比图像中的其余对象更远的对象上方等情况。

12. 使用文本注释

可以使用注释保存红外图像的附加信息。注释通过提供有关图像的基本信息（例如有关图像拍摄位置的条件和信息），使报告和后处理更加高效。

某些相机允许直接在相机中添加注释，例如注释（图像描述）、文本、语音和草图注释。这些注释（如果可用）显示在图像编辑器的右窗格中。还可以使用图像编辑器向图像添加注释（图像描述）和文本注释。

第三节 实践案例

利用FLIR Tools打开Example1.jpg图像，进行简单的图像处理，并提取对应的小麦器官温度。其中，热像仪参数设定为辐射率为0.95，大气温度为24℃，距离为0.4 m。

一、更改参数（图5.20）

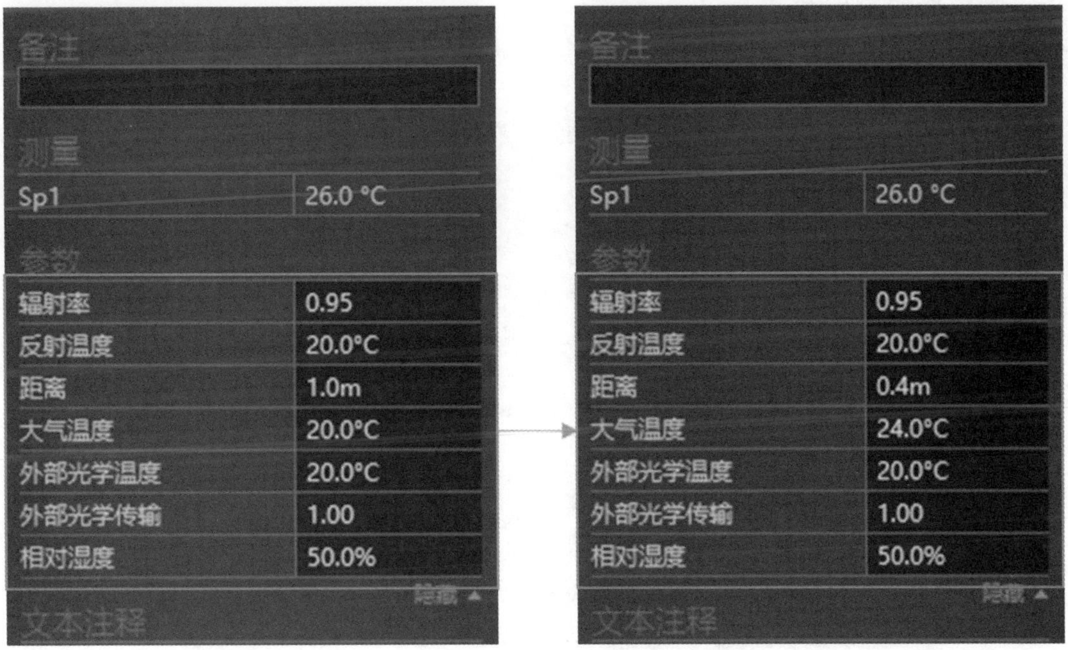

图5.20 更改参数界面

二、更改色彩分布

一般选择直方图均衡化（图5.21）。

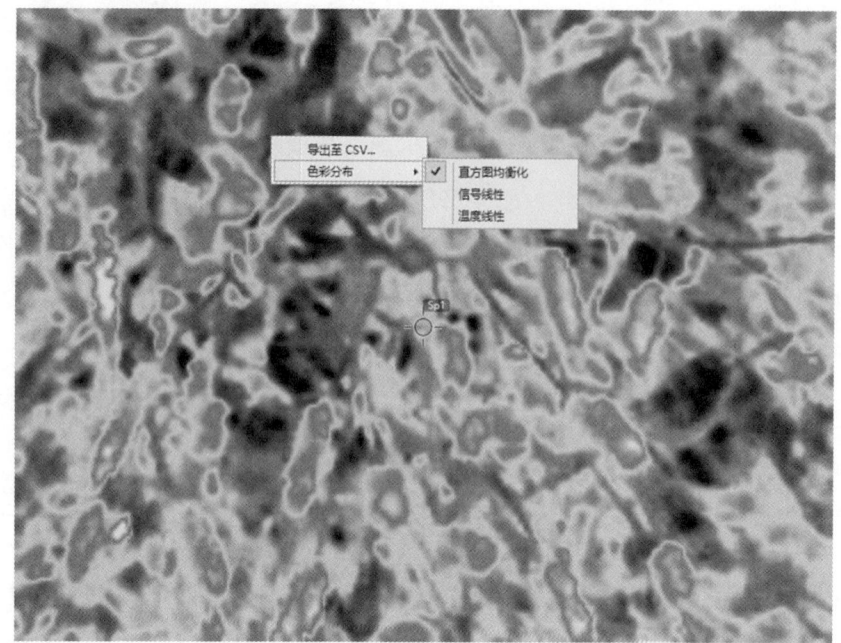

图5.21　更改色彩分布界面

三、更改调色板

选择后点击自动按钮，调整图像颜色分布（图5.22和图5.23）。

图5.22　Iron调色板

第五章 农业热红外数据分析与实践

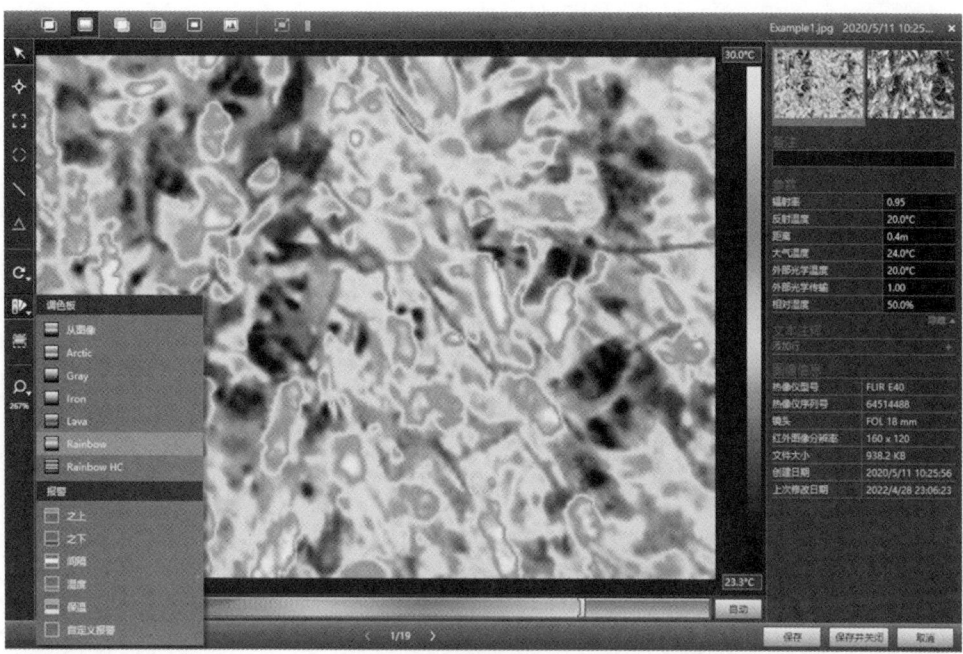

图5.23 Rainbow调色板

四、添加测量工具

1. 以添加线条工具为例

添加操作流程如下（图5.24）。

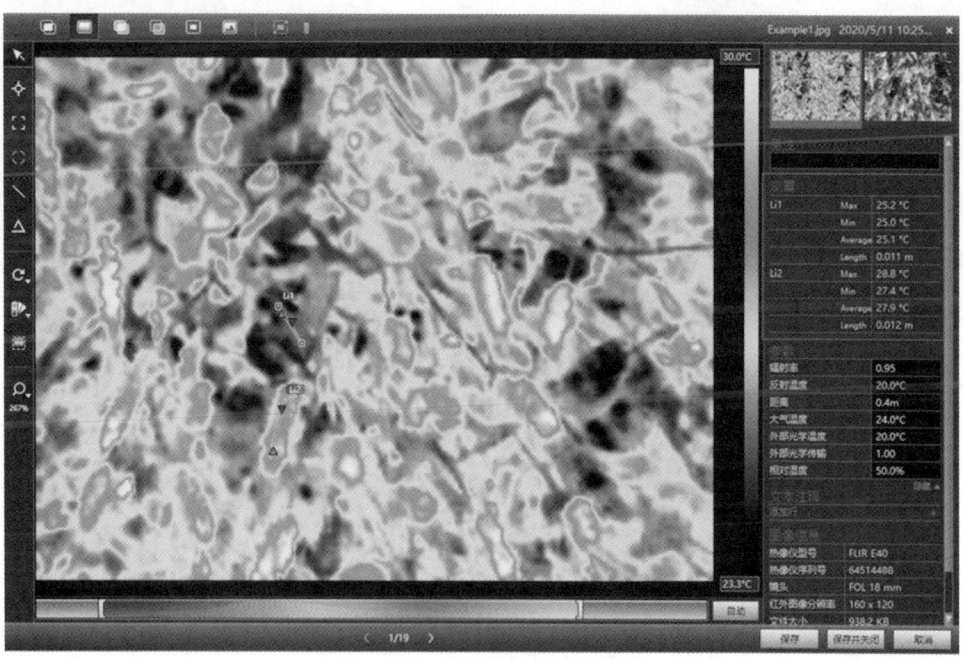

图5.24 添加线条工具后的调色板

（1）在测量工具栏上，选择 ■（线条工具）。

（2）右键单击该工具并选择局部最大值、最小值、平均值或标记等，选择最高、最低、平均值、Length和标记复选框。

（3）单击保存。

2. 以添加区域测量工具为例

操作流程如下（图5.25）。

（1）在测量工具栏上，选择 ■（区域工具）。

（2）右键单击该工具并选择局部最大值、最小值、平均值或标记等，选择最高、最低、平均值、Area和标记复选框。

（3）单击保存。

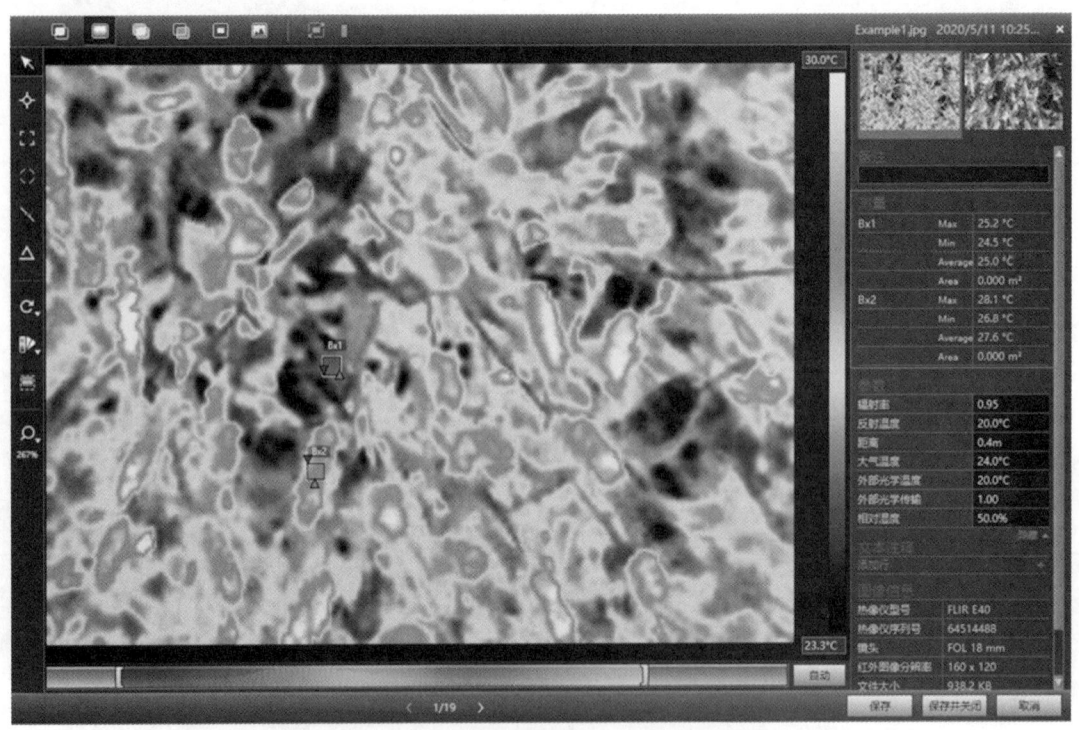

图5.25　添加区域测量工具后的调色板

五、输出数据

方法一：将测量数据手动输入Excel，进行统计分析。

方法二：将测量结果导出至CSV，之后再进行统计分析。

右击图像中的测量图标，选择导出至CSV，导出对象更改为测量，选中包括对象参数、文本注释（如果有）复选框，选中测量对象，点击导出，单击保存（图5.26）。

第五章 农业热红外数据分析与实践

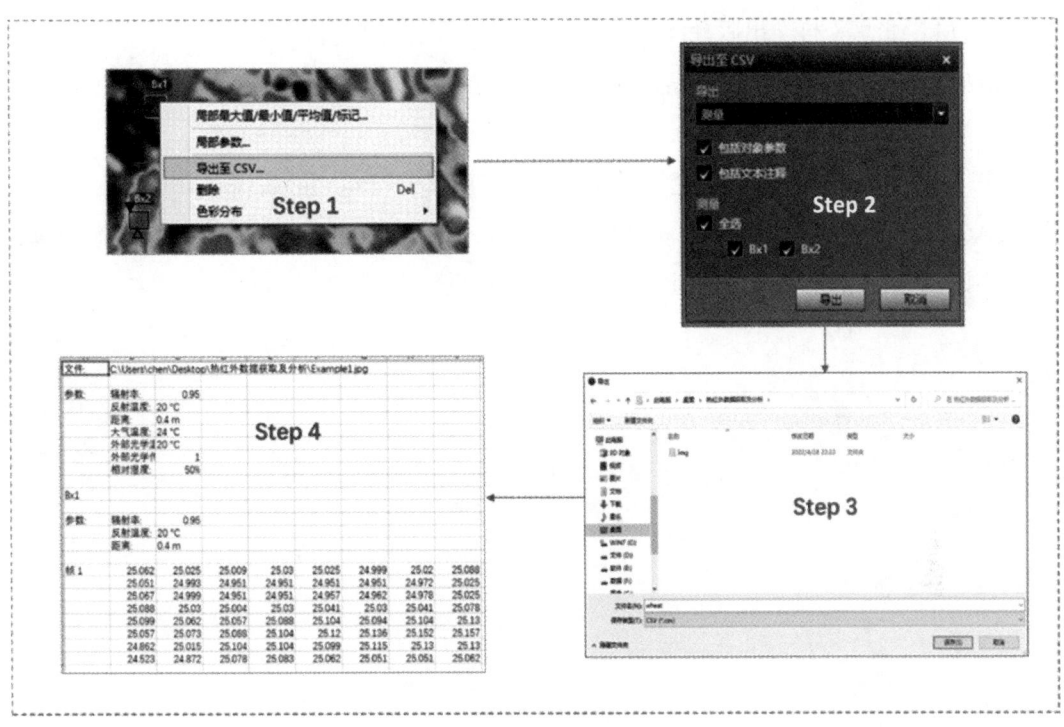

图5.26 导出数据

课后习题

1. 阐述热像仪在农业上的应用。

2. 阐述热红外成像仪的优缺点。

3. 解释热灵敏度、空间分辨率和视场角。

4. 影响热红外成像仪的主要参数有哪些？

5. 利用FLIR Tools打开Example1.jpg图像，进行简单的图像处理，并提取对应的小麦叶片温度和穗部温度。其中，热像仪参数设定为辐射率为0.95，大气温度为24℃，距离为0.4 m。

参考文献

李晓刚，付冬梅，2006. 红外热像检测与诊断技术[M]. 北京：中国电力出版社.

毛克彪，2007. 基于热红外和微波数据的地表温度和土壤水分反演算法研究[M]. 北京：中国农业科学技术出版社.

宋小宁，冷佩，张殿君，等，2016. 光学与热红外陆地表层土壤水分遥感反演方法

[M].北京：科学出版社.

谭勇，严文娟，黄仕建，等，2021.基于热红外图像的人体目标检测方法[M].上海：上海交通大学出版社.

张仁华，2009.定量热红外遥感模型及地面实验基础[M].北京：科学出版社.

JACOBS P A，2004.地面目标和背景的热红外特性[M].吴文健，胡碧茹，满亚辉，译.北京：国防工业出版社.

第六章　农业三维点云数据分析与实践

第一节　软件介绍

一、软件简介

LiDAR360是一款强大的激光雷达点云数据处理和分析平台，拥有超过10种先进的点云数据处理算法，可同时处理超过300 GB点云数据。平台包含丰富的编辑工具和自动航带拼接功能，可为地形、林业和电力行业（参见LiPowerline软件）提供应用。

地形模块包含用于标准地形产品生产的一系列工具。点云滤波算法可精确提取复杂环境下的地面点，从而提高地形测绘精度。该模块也可以通过点云与影像融合生成真正射影像等产品。

林业模块为森林资源调查和分析带来了重要的技术创新。通过单木分割算法可获取树高、胸径和树冠直径等单木参数。同时，软件提供一系列回归分析模块用于预测森林结构参数。

具体而言，LiDAR360包含以下模块。

1. 航带拼接

基于严密的几何模型自动匹配来自不同航带的数据，实时显示拼接结果，生成高精度点云。此外，软件提供一系列数据质量检查和分析工具，确保数据准确性。

2. 数据管理

LiDAR360为用户提供基本的点云和栅格数据管理工具，包括数据格式转换、点云去噪、归一化、栅格波段运算以及其他操作工具。

3. 统计

基于点数、点密度、Z值等对点云进行统计分析，评估数据质量。

4. 分类

LiDAR360提供多种分类功能，包括地面点分类、模型关键点分类、选择区域地面点分类、机器学习模型分类（可高效地分离建筑、植被、路灯等通用类别）等。

5. 地形

LiDAR360通过生成数字高程模型、数字表面模型和冠层高度模型获取有用的地形和森林信息；通过提供的断面分析工具，可以生成断面图产品；还可以生成等高线、山体阴影、坡度、坡向、粗糙度等多种产品。同时，提供对模型数据进行编辑处理。

6. 矢量编辑

矢量编辑功能完成数字线画图流程中矢量化部分，依托点云优秀的显示效果提供高对比度的底图，可清晰分辨房屋、植被区域、道路、路灯、水域、桥梁等地物的轮廓以辅助地物矢量化。

7. 机载林业

基于机载激光雷达点云数据提取一系列森林结构参数（如高度分位数、叶面积指数、郁闭度等），分割单木并提取单木参数（包括树的位置、树高、冠幅等属性），利用软件的多种回归分析功能可以结合地面调查数据反演森林生物量、蓄积量等功能参数。

8. 地基林业

基于地基或背包激光雷达点云数据批量提取树木棵数和胸径，分割单木并提取单木参数（包括单木位置、树高、DBH等），以及量测编辑单木属性。

9. 地质

基于机载激光雷达点云数据提取地形特征、地质结构面特征等。

10. 电力线

基于机载激光雷达点云数据获取净空分析报告，包含标定杆塔、数据分类、危险点检测。

二、软件安装与环境配置

1. 安装

开始安装前，请从北京数字绿土科技有限公司官方网站下载最新版本的LiDAR360 Suite安装程序。

2. 操作环境

（1）内存（RAM）：不小于8 GB。

（2）中央处理器（CPU）：Intel® Core™ i5/i7；双核处理器。

（3）显示适配器：推荐NVIDIA独立显卡，显存不小于2 GB。

（4）操作系统：微软Windows7（64位）、微软Windows8（64位）、微软Windows10

（64位）或Windows Server2012及以上。

3. 安装步骤

（1）运行LiDAR360 Suite安装程序。

（2）安装对话框出现，点击下一步。

（3）如果接受许可证协议中的条款，点击我同意。

（4）选择安装路径（或者采用默认设置），然后点击安装。

（5）安装完成后，点击完成。

4. 许可证管理器

LiDAR360许可证有两种，硬锁许可证和软锁许可证。硬锁许可证提供U盘，软锁许可证提供授权码。对硬锁许可证U盘，用户不许对其格式化、删除、复制等操作，用户须妥善管理硬锁许可证U盘。授权码根据LiDAR360用户提供的激活信息生成。

5. 调整高性能显示模式

按照以下步骤优化LiDAR360（用于NVIDIA显卡）的图形模式。

（1）右键单击桌面，然后选择NVIDIA控制面板（图6.1）。

图6.1　电脑右键属性界面

（2）选择管理3D设置→程序设置→将LiDAR360.exe添加到高性能图形模式列表中，点击应用（图6.2和图6.3）。

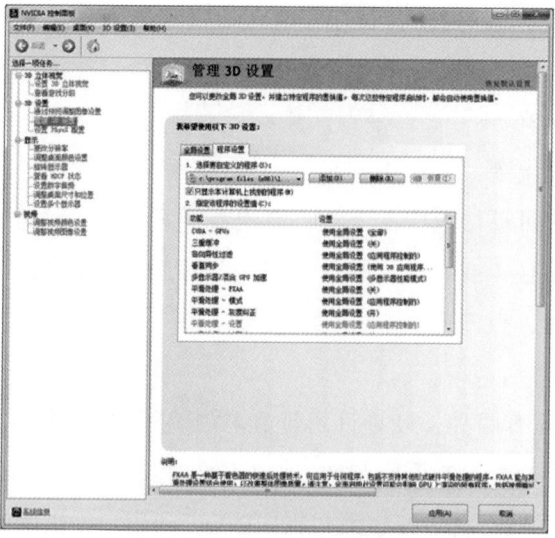

图6.2 电脑管理3D设置界面

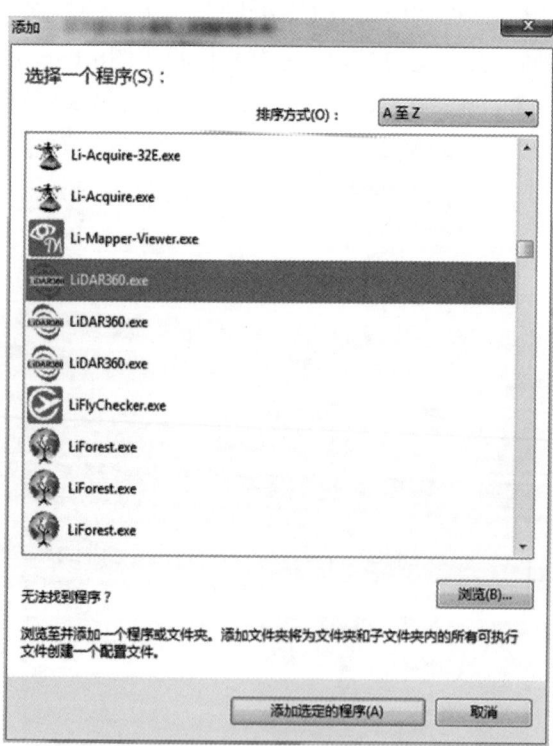

图6.3 添加程序设置界面

三、数据输入与输出

LiDAR360支持的数据类型包括点云、栅格、矢量、表格和模型五大类,具体格式如下。

（1）点云：LiData（*.LiData自定义点云格式）、LAS（*.las、*.laz）、ASCII（*.txt、*.asc、*.neu、*.xyz、*.pts、*.csv）、PLY（*.ply）、E57（*.e57）。

（2）栅格：影像数据（*.tif、*.jpg）。

（3）矢量：矢量数据（*.shp）。

（4）表格：表格数据（.*csv）。

（5）模型：自定义模型文件（*.LiModel自定义模型文件、*.LinTin自定义三角网文件）、OSG模型（*.osgb、*.ive、*.desc、*.obj）。

LiDAR360软件可导出的数据格式如下。

（1）点云：LiData（*.LiData自定义点云格式）、LAS（*.las、*.laz）、ASCII（*.txt、*.asc、*.neu、*.xyz、*.pts、*.csv）、PLY（*.ply）、E57（*.e57）。

（2）栅格：影像数据（*.tif、*.jpg、*.bmp）。

（3）矢量：矢量数据（*.shp、.*dxf）。

（4）表格：表格数据（.*csv）。

（5）模型：自定义模型文件（*.LiModel、*.LinTin）。

（一）数据输入

1. 添加LAS数据

（1）选择要加载的LAS文件，首次加载将会弹出图6.4所示的界面，界面最上方显示了要打开的LAS数据所在的路径，头信息标签页中描述了LAS头文件信息，包含LAS数据的版本号、源ID、系统标识符、生成软件、文件创建日期、文件头大小、从文件起始处到第一个点数据记录首个字段的字节数、变长记录数、点数据格式ID、点数据记录数、是否压缩、各个回波次数的点数、（X、Y、Z）比例因子、（X、Y、Z）偏移量、最小（X、Y、Z）坐标、最大（X、Y、Z）坐标等信息（图6.4）。

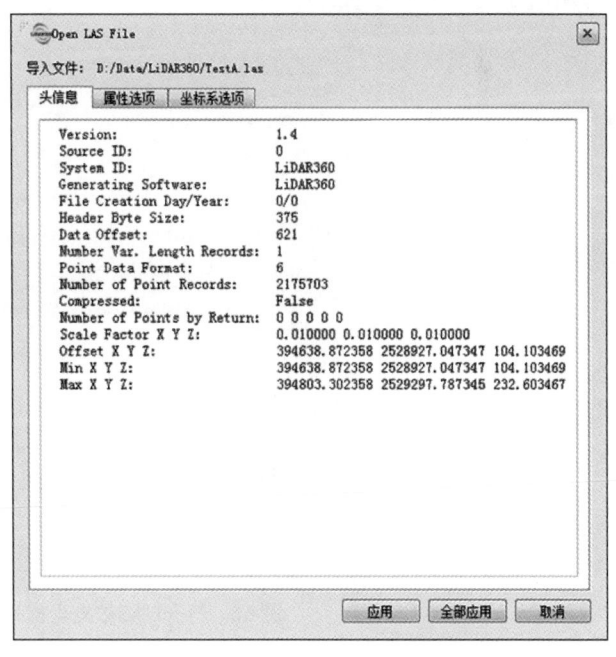

图6.4 打开LAS数据头信息标签页

（2）属性选项标签页中可以选择打开点云时对其进行隔点抽稀，默认打开所有点，也可以选择LAS数据的属性以及附加属性，默认导入LAS数据的所有属性信息（图6.5）。

图6.5　打开LAS数据属性选项标签页

（3）坐标系选项标签页中可以设置点云数据的坐标系，输入坐标系的关键词可快速找到对应的坐标系，也可以点击添加坐标系按钮的下拉菜单，选择从WKT中导入或者从PRJ中导入坐标系（图6.6）。

图6.6　打开LAS数据坐标系选项标签页

（4）点击应用表示对当前选择的LAS数据采用当前设置导入软件中，并开始加载点云。如果选择全部应用，则在关闭软件之前，再导入其他LAS数据，均采用此次设置，不会再弹出打开LAS数据的对话框。

2. 添加TXT数据

（1）选择要加载的TXT文件，将弹出图6.7所示的界面。

文件名处显示了要打开的数据所在的路径，如果数据中有文件头，文件头所在的行将以红色高亮显示。打开附加属性页，勾选所需要的附加属性信息，双击属性名列名可以对附加属性名称进行编辑，选择附加属性的数据类型，目前对于ASCII数据，只支持整型（Integer）和实数（real）两种数据类型。

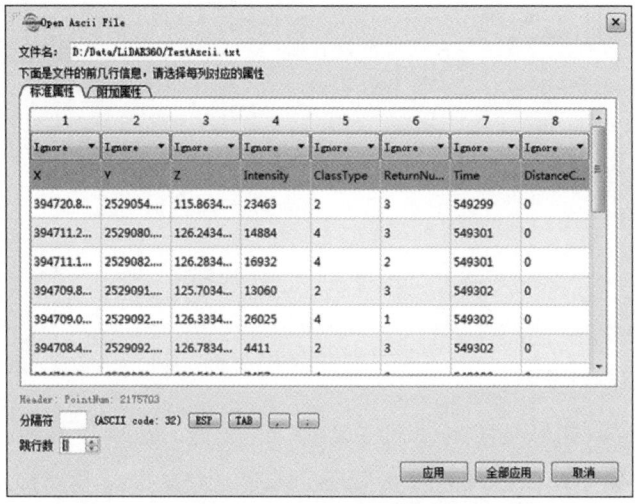

图6.7 打开ASCII文件对话框

（2）软件将默认选择X、Y、Z所在的列，用户可点击每一列上方的下拉按钮，自主选择每一列数据对应的属性，选择Ignore，表示忽略该列数据（图6.8）。

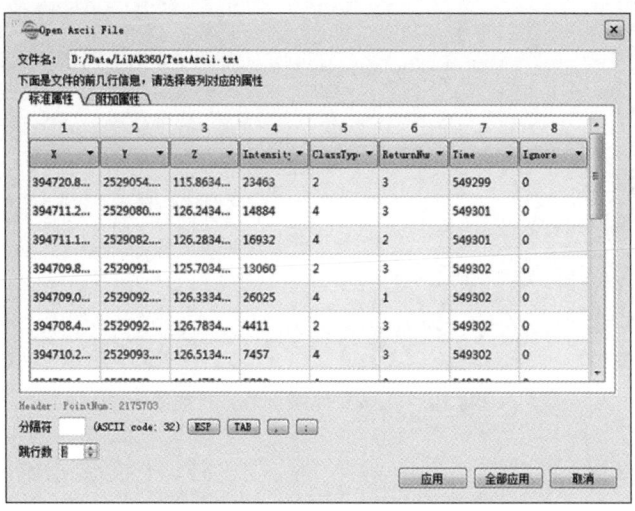

图6.8 设置跳行数对话框

3. 添加CSV对话框

（1）选择要加载CSV数据，将弹出图6.9所示的界面，CSV数据可以选择打开为表格或者打开为点云。

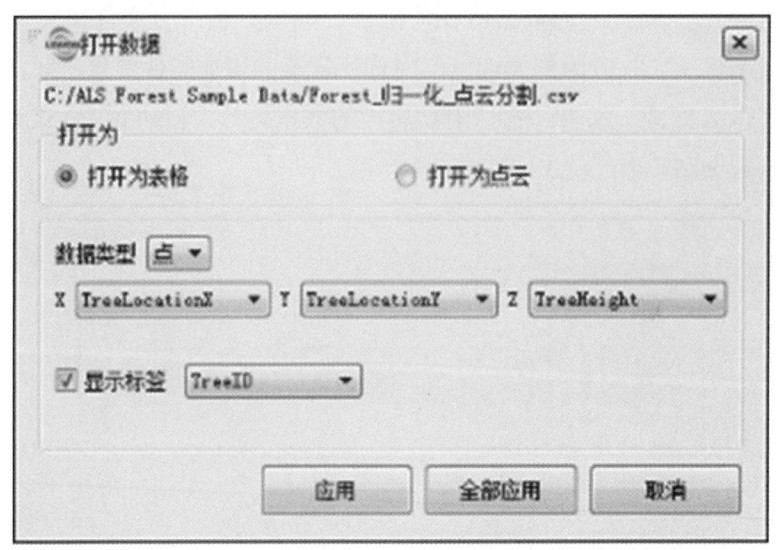

图6.9　打开*.CSV数据

（2）一般而言，如果是单木分割生成的CSV文件，建议打开为表格，数据类型可以选择点或者圆，如果选择以点的方式显示，需要指定X、Y、Z对应的列（图6.10）。

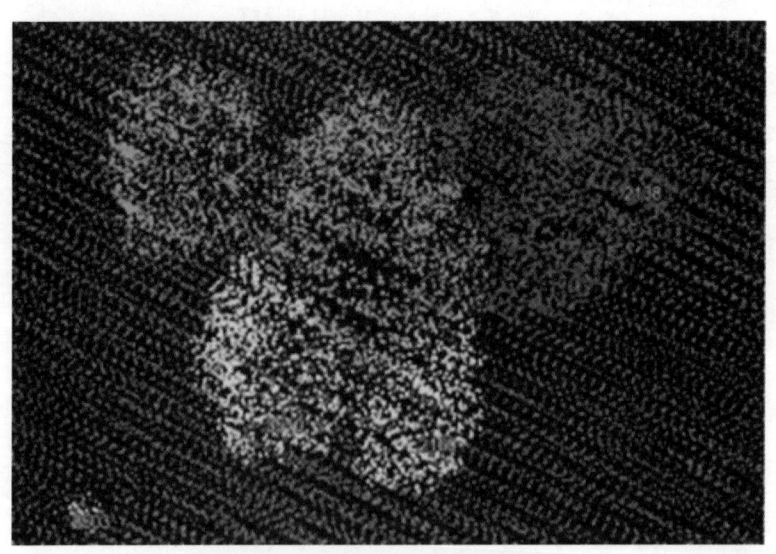

图6.10　*.csv文件以点的方式显示

（3）如果选择以圆的方式显示，除X、Y、Z之外，还需要指定圆的直径对应的列（图6.11）。

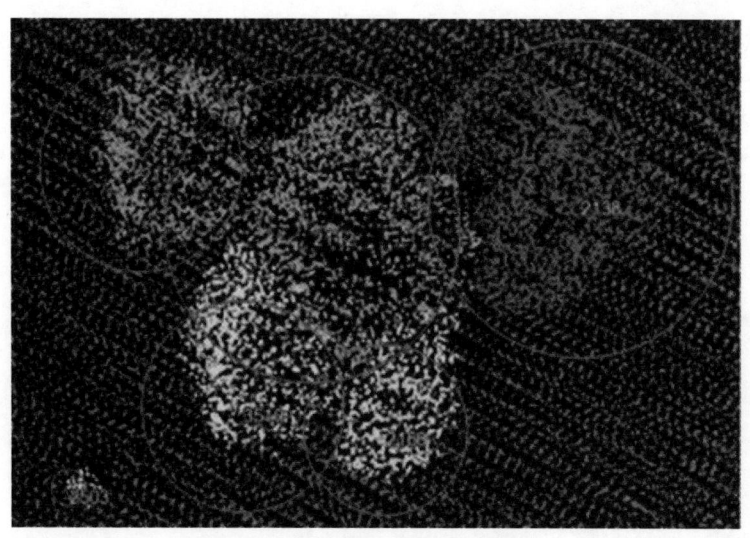

图6.11 *.csv文件以圆的方式显示

4. 添加PLY数据

（1）选择要加载到软件中的PLY数据，弹出如图6.12所示的界面。

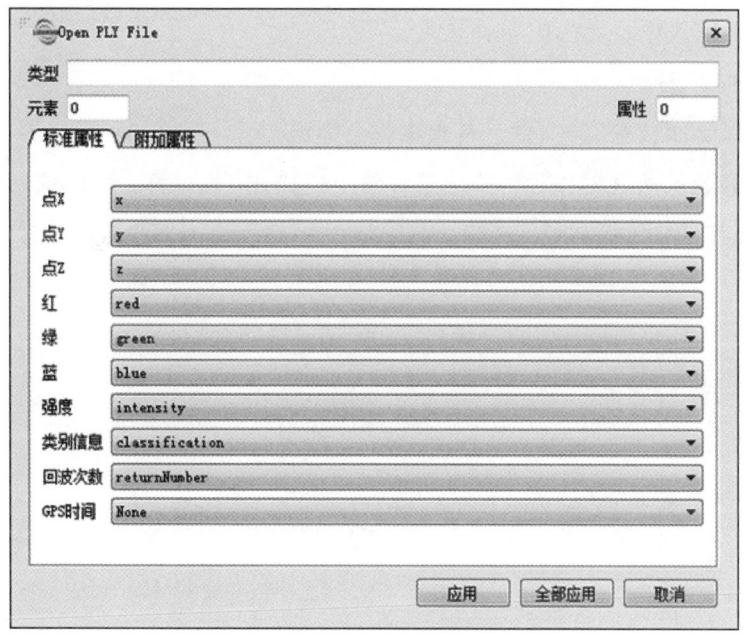

图6.12 打开PLY文件标准属性标签页

（2）分别指定X、Y、Z坐标对应的属性。

（3）如果有Intensity信息则选择相应字段，若有颜色信息则分别选择R、G、B对应的属性，如果没有，则选择None。

（4）点击附加属性，若PLY文件有Normal X、Normal Y、Normal Z属性，则可以

将Nomal信息作为附加属性导入，其他的附加属性显示在列表中，勾选所选信息生成相关附加属性（图6.13）。

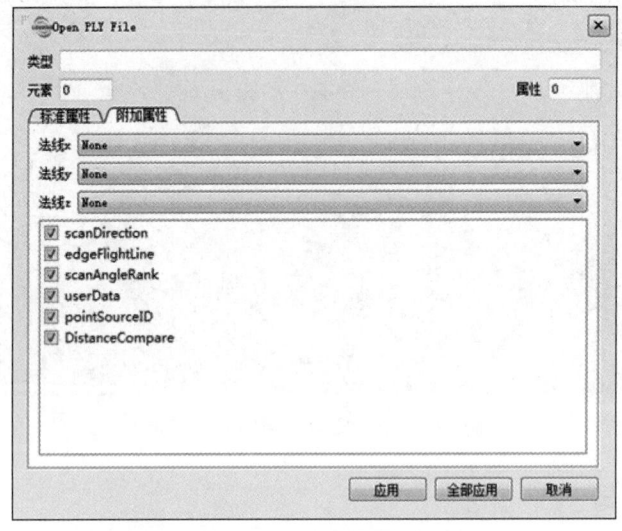

图6.13 打开PLY文件附加属性标签文件

（5）设置完成后，点击应用。

5. 添加E57数据

（1）选择要加载的E57文件，首次加载会弹出图6.14所示的界面，界面最上方显示了要打开的E57数据所在的路径，头信息标签页中描述了E57头文件信息，包含E57数据的扫描数据节点名称、版本号、（X、Y、Z）的缩放因子、偏移量以及包围盒信息。

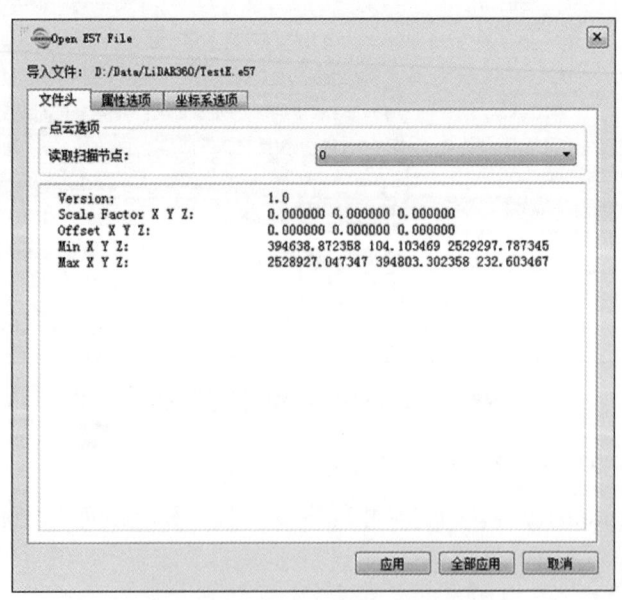

图6.14 打开E57数据文件头标签页

(2)在属性选项标签页(图6.15)中可以选择打开点云时对其进行隔点抽稀,默认打开所有点,也可以选择E57数据的属性以及附加属性,默认导入E57数据的所有属性信息。

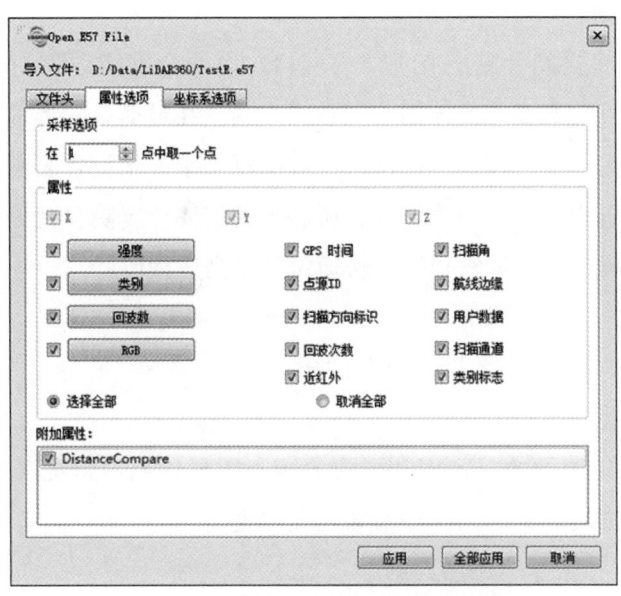

图6.15　打开E57数据属性选项标签页

(3)在坐标系选项标签页(图6.16)中可以设置点云数据的坐标系,输入坐标系的关键词可快速找到对应的坐标系,也可以点击添加坐标系按钮的下拉菜单,选择从WKT中导入或者从PRJ中导入坐标系。

图6.16　打开E57数据坐标系选项标签页

（4）点击应用，表示对当前选择的E57数据采用当前设置导入软件中，并开始加载点云。如果点击全部应用，此次所打开的数据均采用此设置，直到再次打开E57数据才会再弹出打开E57数据的对话框。

6. 添加栅格数据

栅格数据就是将空间分割成有规律的网格，每一个网格称为一个单元，并在各单元上赋予相应的属性值来表示实体的一种数据形式。在最简单的形式中，栅格由一组单元（像素）组成，组织成行和列（网格），其中每个单元格包含表示信息的值。每一个单元（像素）的位置由它的行列号定义，所表示的实体位置隐含在栅格行列位置中。因为这种特点，在数据分析时通常很容易快速编写出高效代码。

（1）点击文件→数据→添加数据。

（2）选择需加载的栅格数据，单击打开。

7. 添加矢量数据

矢量数据可以用原始的分辨率和形式表示，图形输出通常更美观（相比传统地图表示），不需要数据转换，可以保持精确地理位置。

（1）点击文件→数据→添加数据。

（2）选择需加载的矢量数据，单击打开。

8. 添加模型数据

LiModel文件是根据DEM或DSM生成规则三角网模型，保存规则格网点，根据四叉树对规则三角网模型进行分块组织与存储，也可以对其叠加DOM纹理信息。LiTin文件是根据点云生成的非规则2.5D三角网模型，按照高程加以着色，利用光照阴影特效提高显示效果。可以对其进行置平、删除、增加顶点、增加断裂线等各种编辑，提高根据其生成等高线的质量。

（1）点击文件→数据→添加数据。

（2）选择需加载的模型数据，单击打开。

9. 加载并合并点云数据

该功能可用于向工程中添加多个LAS或者LiData，并将它们合并为一个数据。将需要处理的多个小文件通过加载并合并为一个数据后，可提升在软件中的交互体验和数据处理效率。

（1）点击加载合并打开设置界面（图6.17），左边为所选择数据的外接包围盒，选择相应的数据，其对应的外接包围盒将以红色高亮显示。

（2）选择添加数据的格式：LAS或者LiData。无论选择的数据为LAS或者LiData，合并后的数据均为LiData格式。

第六章　农业三维点云数据分析与实践

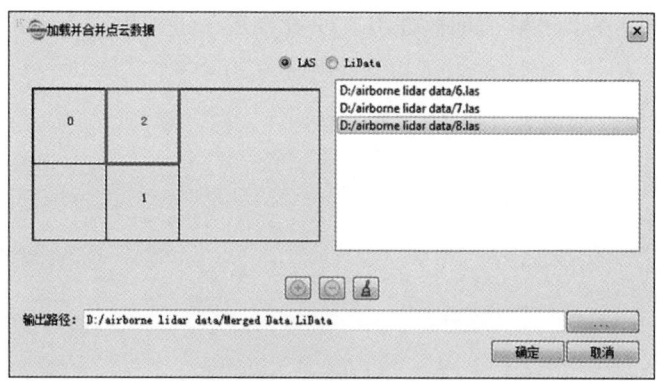

图6.17　加载并合并点云

（3）点击添加数据，浏览要被加载到工程中的数据。

（4）可以点击移除数据，移除选中的数据。

（5）也可以点击清除所有数据，清除所有数据。

（二）数据输出

正如在添加数据描述的那样，LiDAR360支持多种点云数据的导入，并统一转换成LiData点云文件格式。在此基础上，也支持LiData数据导出成为多种形式，例如LAS（*.las、las1.4；*.laz）、ASCII（*.txt、*.asc、*.neu、*.xyz、*.pts、*.csv）、PLY（*.ply）和E57（*.e57）等。

（1）数据目录树上选中需要导出的数据（图6.18）。

图6.18　选择需要导出的数据

（2）右键点击弹出菜单，选择导出，或者直接在主菜单点击导出图标，弹出设置菜单。

（3）设置导出路径以及文件名（图6.19）。

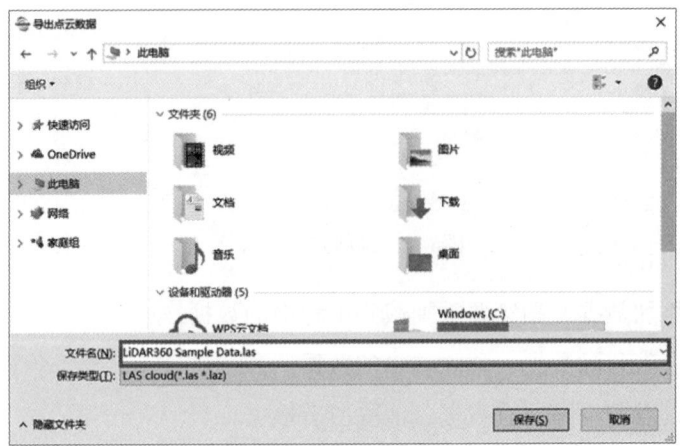

图6.19　设置导出路径

（4）设置导出文件类型（图6.20）。

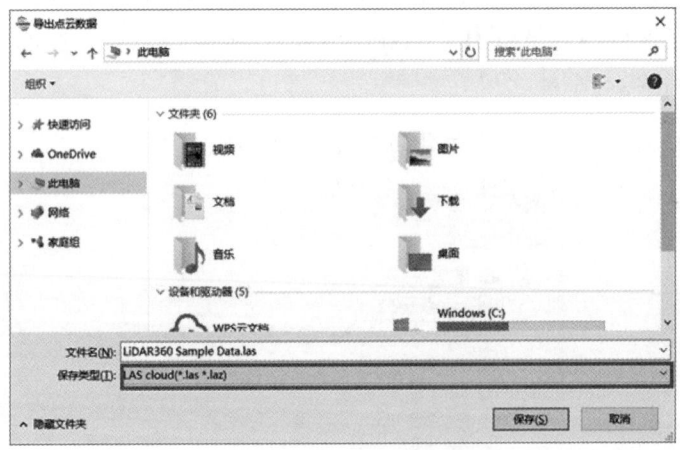

图6.20　设置导出文件类型

（5）点击保存，完成操作。

四、数据分析流程

可使用LiDAR360对未分类的点云进行分类，或者对已经分类过的点云进行重新分类。

（一）地面点分类

1. 改进的渐进加密三角网滤波

地面点分类是点云数据处理的基础操作，LiDAR360采用的是改进的渐进加密三角网滤波算法（Improved Progressive TIN Densification，IPTD）分类地面点。

（1）算法原理和流程。此算法首先通过种子点生成一个稀疏的三角网，然后通过迭代处理逐层加密，直至将所有地面点分类完毕，算法的具体步骤如下。

①初始种子点的选择：在含有建筑物的点云数据中，量取最大建筑物尺寸作为格网大小对点云数据进行格网化，对于不含建筑物的点云数据，以默认值作为格网大小。取格网内的最低点作为起始种子点。

②构建三角网：利用起始种子点构建初始三角网。

③迭代加密过程：遍历所有待分类的点，查询各点水平面投影所落入的三角形，计算点到三角形的距离d及点到三角形三个顶点与三角形所在平面所成角度的最大值（图6.21），将其分别与迭代距离与迭代角度进行比较，如果小于对应阈值，则将此点判定为地面点，并加入三角网中。重复此过程，直至将所有地面点分类完毕。

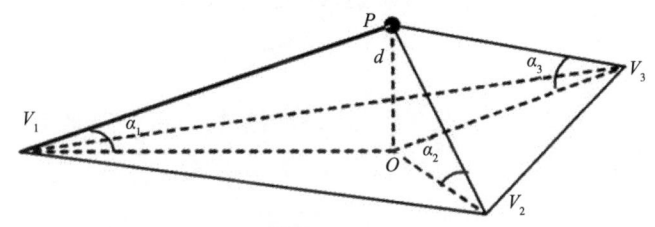

图6.21　迭代加密过程（示意）

IPTD算法流程如图6.22所示。

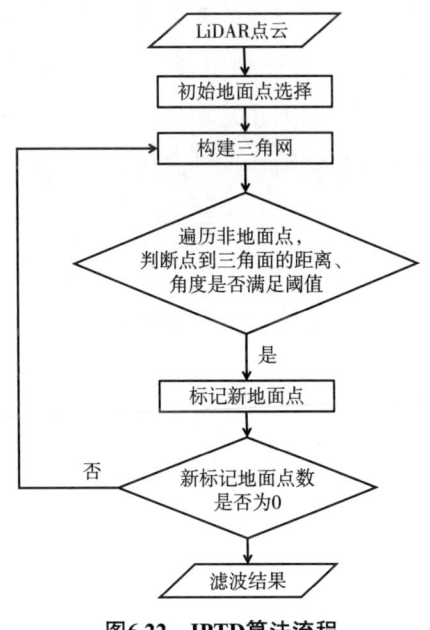

图6.22　IPTD算法流程

（2）地面点分类。点击分类→地面点分类，弹出界面如图6.23所示。

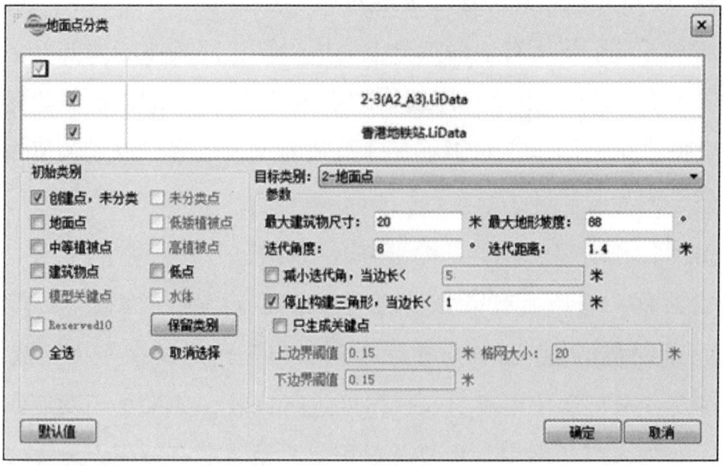

图6.23 地面点分类工具对话框

（3）参数设置如下。

①输入数据：输入文件可以是单个点云数据文件，也可以是点云数据集；待处理数据必须在LiDAR360软件中打开。

②初始类别：待分类类别。

③目标类别：分类目标类别。

④最大建筑物尺寸（米）（默认为"20"）：扫描点云中存在的建筑物边缘最大长度。此参数设置过小，建筑物的平顶可能被误认为地形，建筑物屋顶点会被判定为种子点。当点云数据中有建筑物时，可以利用菜单栏的长度量测工具测量最大建筑物尺寸，该参数的值应大于测量得到的最大建筑物尺寸。对于不含建筑物的点云数据，此参数可采用默认值20米。对于没有建筑物、地势起伏大的山区，可适当调小此值以适应坡度较陡的地面。

⑤最大地形坡度（°）（默认为"88"）：点云中显示的地形最大坡度。该参数可以确定已被识别的地面点的相邻点是属于地形还是其他地物。一般情况下，此参数选择默认值即可。

⑥迭代角度（°）（默认为"8"）：待分类点与已知地面点间允许的角度范围。对地形起伏较大的区域可适当设置大一些，与迭代距离对应调节。一般设置为10°~30°。

⑦迭代距离（米）（默认为"1.4"）：待分类点与三角网对应的三角形之间的距离阈值。地形起伏较大时可适当调大，与迭代角度对应调节，一般设置为1~2米。

⑧减小迭代角，当边长<5米（默认为"5"）（可选）：待分类点对应三角形边长小于此阈值时减小迭代角。勾选该参数，表示当待分类点对应于三角网中三角形边长小

于该阈值时，相应减小迭代角。当需要得到较稀疏地面点时，可相应增大此阈值，反之，则减小此阈值。

⑨停止构建三角形，当边长<2米（默认为"2"）（可选）：待分类点对应三角形边长小于该阈值时，则停止加密三角网，该值可防止局部生成地面点过密。增大此值时，地面点会相应稀疏，反之，则加密。

⑩只生成关键点（可选）：在地面点滤波的基础上进一步提取模型关键点作为地面点类别，该功能可保留地形上的关键点而相对抽稀平缓地面区域的点。该功能具体使用方法见模型关键点分类。

⑪默认值：点击此按钮，恢复所有参数默认值。

2. 坡度滤波

顾名思义，此滤波方法基于点云坡度变化提取地形。因此，其弊端是对坡度变化敏感，对坡度陡峭地区不甚可靠，容易削平地形上的凸起部分，此方法更适合地形变化平缓区域，滤波效率高。

（1）单击分类→选择区域地面点分类→坡度滤波。弹出界面如图6.24所示。

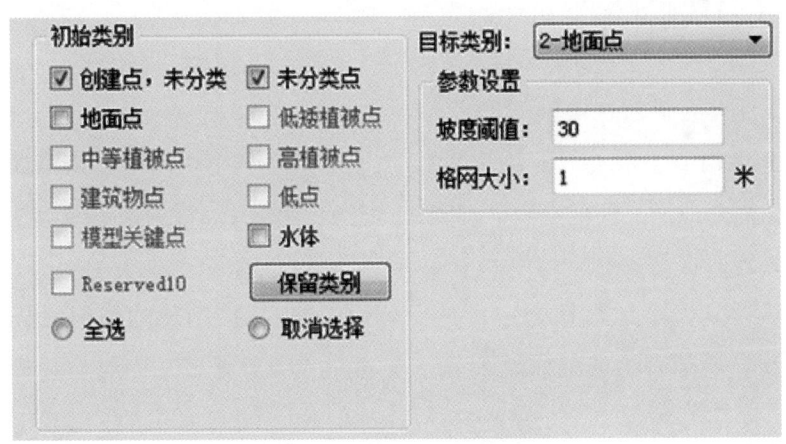

图6.24 坡度滤波设置界面

（2）参数设置如下。

①初始类别：待分类类别。

②目标类别：分类目标类别。

③坡度阈值（°）（默认为"30"）：当前点与邻域8格网低点的最大坡度阈值。大于阈值则分为非地面点，反之，分为地面点。

④格网大小（米）（默认为"1"）：即点云格网化时格网边长的大小，滤波窗口为3*3格网。

3. 二次曲面滤波

通过拟合二次曲面对地面点进行分类。对点云进行格网化，选取一定大小窗口内的格网最低点构建二次曲面，计算窗口内点云到拟合曲面的距离与设定的距离阈值进行比较，小于此阈值，则分类为地面点；反之，分类为非地面点。此方法适合有一定的地形起伏但不甚陡峭的区域。

（1）单击分类→选择区域地面点分类→二次曲面滤波，弹出界面如图6.25所示。

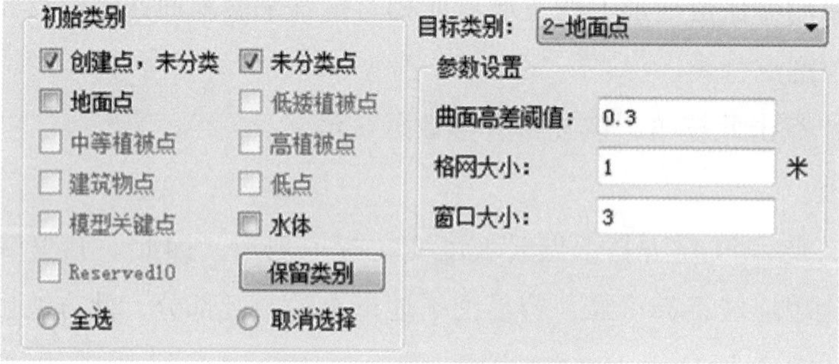

图6.25 二次曲面滤波设置界面

（2）参数设置如下。

①初始类别：待分类类别。

②目标类别：分类目标类别。

③曲面高差阈值（米）（默认为"0.3"）：指在利用格网低点拟合曲面之后，计算当前待分类点与曲面之间的高差，当高差大于此阈值时，将当前点分类为非地面点，反之，分类为地面点。

④格网大小（米）（默认为"1"）：对点云进行格网化的格网边长大小。格网尺寸设置越小，所拟合出的地面越细腻，所表现的细节越多，同时也会相对影响滤波效率。

⑤窗口大小（默认为"3"）：本功能采用移动窗口进行拟合曲面，因此窗口大小直接影响最后滤波结果。窗口设置越大，每次拟合曲面的区域也越大；相反，则越小。窗口大小与格网大小应配合调整，可得到需要的滤波效果。

4. 提取中位数地面点

一般情况下，小飞机、无人机（UAV）所扫描的点云数据密度较大、地面点较厚，如果采用传统大飞机提取地面点的方法提取地面点，则所提取的地面点较厚且利用地面点所建立的TIN模型凹凸不平。采用此方法，可以获取较厚地面点中间一层较薄且更平滑的地面点。本方法属于提取出初步地面点之后的优化步骤，因此首先需要点云数据已经利用地面点分类进行过初步的分类。中位数地面点分类前后对比图如图6.26所示。

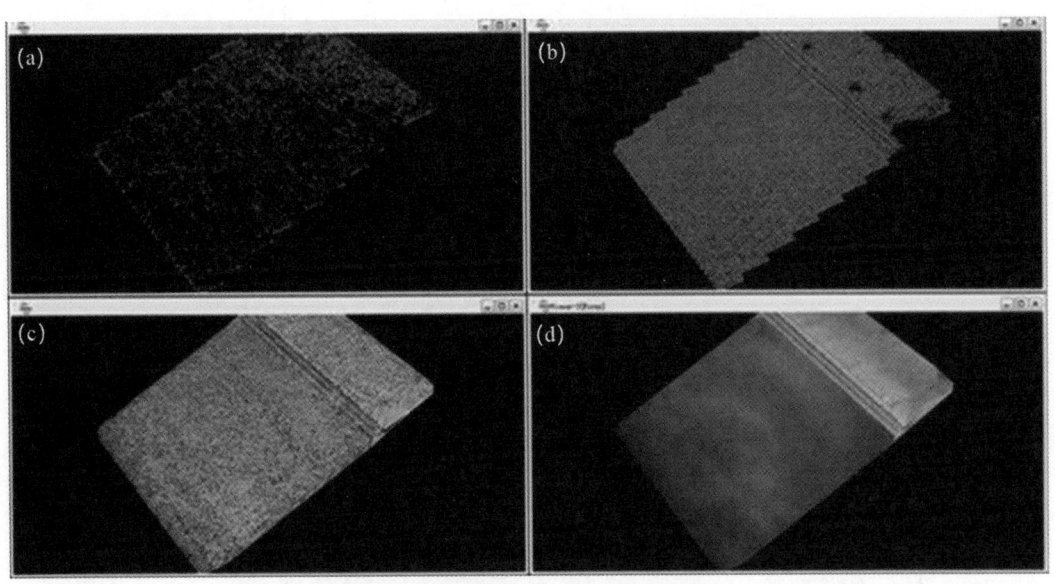

图6.26 中位数地面点分类前后的对比

注：（a）和（c）分别为中位数地面点分类前的地面点和三角网模型；
（b）和（d）分别为中位数地面点分类后的地面点和三角网模型。

（1）单击分类→提取中位数地面点。

（2）参数设置如下。

①输入数据：请确保每一个输入的点云数据都是已经进行过地面点分类的数据；输入文件可以是单个点云数据文件，也可以是点云数据集；待处理数据必须在LiDAR360软件中打开。

②初始类别：待分类类别。

③地面点分类：将原不符合中位数规则的地面点分成目标类别。

④最小高程（米）（默认为"0.02"）：即从地面最低点起的一定高差作为起始高程，0.02代表从最低点高程起的0.02米作为最小高程。

⑤最大高程（米）（默认为"0.3"）：即从地面最低点起的一定高差作为终止高程，0.3代表从最低点高程起的0.3米作为最大高程。

⑥格网大小（米）（默认为"0.5"）：在提取地面点时以格网为单位，当格网内点数少于一定点数，该格网将不进行地面点提取，因此，此方法只适用于较厚且点云密度较大的地面点提取。

⑦标准差倍数（默认为"0.3"）：通过设置标准差倍数来控制所提取点云地面点的数量及厚度。默认值0.3，即提取地面点的22%作为地面点（同理，0.5对应40%，0.7对应50%，0.9对应62%，1.5对应86%）。

⑧默认值：点击此按钮，恢复所有参数默认值。

（二）噪点分类

对点云中的噪点进行分类。

（1）单击分类→噪点分类。弹出界面如图6.27所示。

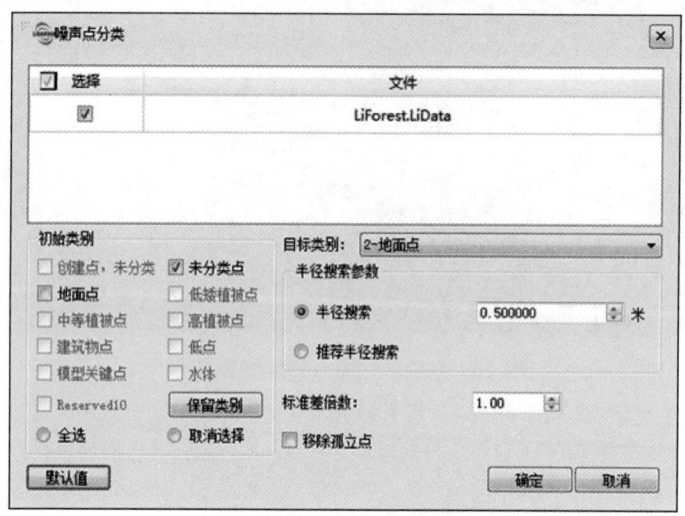

图6.27 噪点分类工具对话框

（2）参数设置如下。

①输入数据：输入文件可以是单个点云数据文件，也可以是点云数据集；待处理数据必须在LiDAR360软件中打开。

②半径搜索（米）（默认为"0.500 000"）：设置拟合平面使用的半径，当用户已知点云的大致密度时可使用该方法。

③推荐半径搜索：根据输入点云自动计算合适的搜索半径。

④标准差倍数（默认值1.00）：使用相对误差（sigma）作为去噪准则，程序自动计算每一点P的邻域所拟合平面的标准差（stddev）。当点到该平面的距离d小于sigma*stddev时，P点予以保留。该值的减小将导致更多的点被剔除，反之将保留更多的点。该值的变化对效率没有影响。

⑤移除孤立点：当搜索半径内的点数小于四个（不足以拟合平面）时，该点为孤立点。用户可根据此参数选择是否移除此类点。

（三）建筑物分类

对点云数据中的建筑物进行分类。

（1）单击分类→建筑物分类，弹出界面如图6.28所示。

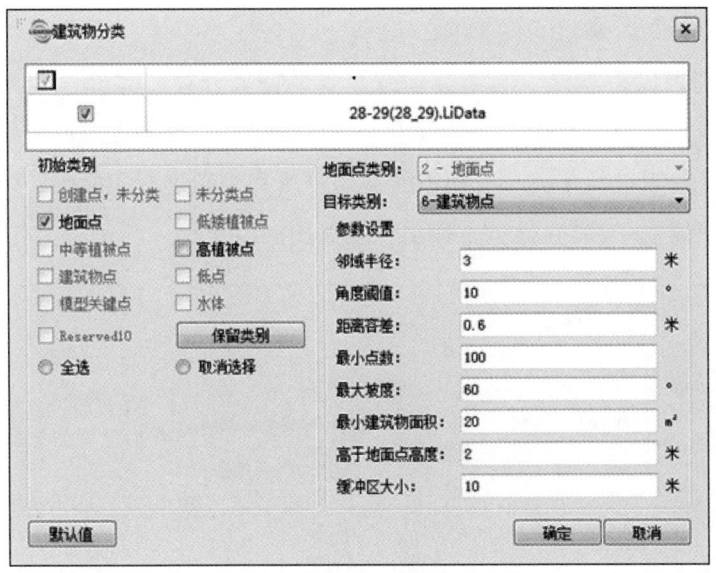

图6.28　建筑物分类工具对话框

（2）输入数据。请确保每一个输入的点云数据都是已经进行过地面点分类的数据；输入文件可以是单个点云数据文件，也可以是点云数据集；待处理数据必须在LiDAR360软件中打开。

①初始类别：待分类类别。

②地面点类别：地面点。

③目标类别：分类目标类别。

④邻域半径（米）（默认为"3"）：计算点云法向量时的邻域半径，通常设置为点间距的4~6倍。

⑤角度阈值（°）（默认为"10"）：平面聚类时两点之间的角度阈值，小于该值则认为是同一簇点云。

⑥距离容差（米）（默认为"0.6"）：平面聚类时点到平面的距离阈值，小于该值则认为是同一簇点云，一般设置为略大于点间距的值。

⑦最小点数（默认为"100"）：建筑物面片的最小点数。

⑧最大坡度（°）（默认为"60"）：大于该值则认为不是建筑物顶面，而是墙面或者其他类别。

⑨最大建筑物尺寸（米）（默认为"60"）：最大建筑物长度，用于分块时，块之间建筑物面片的探测。

⑩默认值：点击此按钮，恢复所有参数默认值。

(四)按属性分类

通过此功能可以将点云中的某类别按照属性特征分类成另外一个类别。目前,可利用分类的属性包括绝对高程、回波强度、GPS时间、扫描角度及回波数。对于分类效果不理想数据,如需重新分类,可利用此功能将所有类别进行还原。

(1)单击分类→按属性分类,弹出界面如图6.29所示。

图6.29 按属性分类工具对话框

(2)参数设置如下。

①输入数据:输入文件可以是单个点云数据文件,也可以是点云数据集;待处理数据必须在LiDAR360软件中打开。

②初始类别:待分类类别。

③目标类别:分类目标类别。

④属性选择:根据所选择属性进行分类。

⑤无(默认):将初始类别选项中的所有点更改到目标类别中。

⑥绝对高程:按高程值范围分类。如果一个点的高程值落入指定范围内,它将被分到目标类别中。

⑦强度:按强度范围分类。如果一个点的强度值落入指定范围内,它将被分到目标类别中。

⑧GPS时间：按GPS时间分类。如果一个点的GPS时间值落入指定范围内，它将被分到目标类别中。

⑨扫描角度：按照扫描角度分类。如果一个点的扫描角度值落入指定范围内，它将被分到目标类别中。

⑩回波次数：按回波次数分类。如果一个点的回波次数落入指定范围内，它将被分到目标类别中。

（五）低于地表分类

此功能通过将起始类别中低于周围邻近区域高程的点进行分类。例如，在起始类别为地面点时，利用此方法可以将低于地表一定高差的点分类成低于地表点。该功能的主要算法思想为：在起始类别中寻找当前点一定数量的邻近点，用邻近点拟合平面。计算当前点到平面之间的高差绝对值，如果此值小于设定的容差，则不分类，如果大于容差，则进入下一步。计算当前点高程与邻近点高程平均值之间的差值是否大于标准差的倍数限制阈值，若大于，则分类为目标类别，反之，则不分类。

（1）单击分类→低于地表分类，弹出界面如图6.30所示。

图6.30 低于地表分类工具对话框

（2）参数设置如下。

①输入数据：输入文件可以是单个点云数据文件，也可以是点云数据集；待处理数据必须在LiDAR360软件中打开。

②初始类别：待分类类别。

③目标类别：分类目标类别。

④限制（默认为"3"）：当前待分类点的邻域点拟合平面的均方误差倍数。根据算法原理，当此值调大时，分类为目标类别的点数变少。当此值调小时，分类为目标类别的点数变多。

⑤Z容差（米）（默认为"0.1"）：高差阈值，点到拟合平面距离小于该值则不被分类。当此值变大时，分类目标类别的点数变少。当此值变小时，分类为目标类别的点数变多。

⑥默认值：点击此按钮，恢复所有参数默认值。

（六）高于地面分类

对地形表面一定高度的点进行分类。该功能可快速对不同高度的植被进行分类。

（1）单击分类→高于地面分类，弹出界面如图6.31所示。

图6.31 高于地面分类工具对话框

（2）参数设置如下。

①输入数据：请确保每一个输入的点云数据都是已经进行过地面点分类的数据；输入文件可以是单个点云数据文件，也可以是点云数据集；待处理数据必须在LiDAR360软件中打开。

②初始类别：待分类类别。

③地面点类别：2-地面点。

④目标类别：分类目标类别。

⑤最小高度（米）（默认为"0"）：地面点以上待分类区域最小高差值。

⑥最大高度（米）（默认为"1"）：地面点以上待分类区域最大高差值。

⑦默认值：点击此按钮，恢复所有参数默认值。

（七）按高差分类

该功能计算任意一个点，与其周围指定搜索半径内点集中最低点之间的高差，若高差在最小高差和最大高差范围内，则该点被标记为目标类别。

（1）单击分类→按高差分类，弹出界面如图6.32所示。

图6.32　按高差分类工具对话框

（2）参数设置如下。

①输入数据：输入文件可以是单个点云数据文件，也可以是点云数据集；待处理数据必须在LiDAR360软件中打开。

②初始类别：待分类类别。

③目标类别：分类目标类别。

④最小高程（米）（默认为"0"）：最小高差值阈值。

⑤最大高程（米）（默认为"1"）：最大高差值阈值。

⑥半径（米）（默认为"5"）：当前待分类点待分类区域半径。

⑦默认值：点击此按钮，恢复所有参数默认值。

（八）邻近点分类

此功能可以对靠近其他类别的点云进行分类。对于源类别中的每一个点，软件寻找指定2D或3D邻域中的点云，并判断这些点是否满足一定条件（比如含有某一指定类别），如果条件满足，该点被分至目标类别。

（1）单击分类→邻近点分类，弹出界面如图6.33所示。

图6.33　邻近点分类工具对话框

（2）参数设置如下。

①输入数据：输入文件可以是单个点云数据文件，也可以是点云数据集；待处理数据必须在LiDAR360软件中打开。

②邻近类别：对于每个源类别中的点，若搜索范围内出现该指定类别，将被进行分类。

③初始类别：待分类类别。

④目标类别：分类目标类别。

⑤搜索方法：邻域搜索方法，支持2D或3D邻域。

⑥半径：邻域搜索半径。

（九）模型关键点分类

模型关键点分类是对分类后的点进行一定程度的抽稀。一般用于从地面点类别中抽取点生成一个保留地表模型关键点的稀疏点集，保留地形上的关键点而相对抽稀平缓地面区域的点。

此功能的算法思路为：首先对点云进行格网化，然后利用格网内的种子点建立初始的三角网。根据上下边界阈值将符合条件的点加入三角网中，不断进行迭代，直至所有的模型关键点都被分类完成。算法如图6.34所示，黄色点为地面点，紫色点为模型关键点。

图6.34 模型关键点分类算法（示意）

（1）单击分类→模型关键点分类，弹出界面如图6.35所示。

图6.35 模型关键点分类工具对话框

（2）参数设置如下。

①输入数据：输入文件可以是单个点云数据文件，也可以是点云数据集；待处理数据必须在LiDAR360软件中打开。

②原始类：待分类类别。

③目标类别：分类目标类别。

④上边界阈值（米）（默认为"0.15"）：由原始点所组成的三角网模型上所允许的最大高程容差值，超过该阈值则作为关键点。此值设置越大，提取的模型关键点越稀疏，反之，越密集。

⑤下边界阈值(米)(默认为"0.15"):由原始点所组成的三角网模型下所允许的最大高程容差值,超过该阈值则作为关键点。此值设置越大,提取的模型关键点越稀疏,反之,越密集。

⑥格网大小(米)(默认为"20"):设置该值以保证提取的模型关键点的密度,例如,想要保证每隔20米边长的格网内至少有一个点,则此值设置为20。

⑦默认值:点击此按钮,恢复所有参数默认值。

(十)基于机器学习的点云分类

该功能采用随机森林对点云数据进行分类。此功能采用监督分类,在同一批次数据中,需要手工编辑少量数据的类别,训练模型后批量处理大量数据,期待减少人工量。支持两种流程:选择训练样本,生成训练模型,处理待分类数据;利用已有的模型处理待分类数据。

1. 机器学习分类

(1)单击分类→机器学习分类,弹出界面如图6.36所示。

图6.36 机器学习分类工具对话框

(2)参数设置如下。

①待分类数据:可选择软件中加载的单个或者多个数据。

②初始类别:数据源类别,在分类过程中将被改写。

③训练类别:训练数据中用户感兴趣的类别,这些类别将被训练,分类的结果中也将包含这些类别,训练类别至少应该选择两类(其中一类可以为未分类)。

④训练文件:点击加载训练数据,点击移除选中的数据,可训练多个文件,训练

数据中的类别经过人工编辑。

⑤建筑物参数：只有当训练类别中包含建筑物时，这些参数才会使用，分别设置最大建筑物尺寸和最小建筑物高度。

⑥最大建筑物尺寸（米）（默认为"60"）：待处理数据中最大建筑物尺寸。

⑦最小建筑物高度（米）（默认为"3"）：待处理数据中最小建筑物尺寸。

⑧保存模型：训练后的模型文件保存路径，模型文件格式为自定义后缀为vcm的文件。该模型文件可作为按机器学习模型分类的输入数据。

⑨默认值：点击此按钮，恢复所有参数默认值。

2. 按机器学习模型分类

（1）单击分类→按机器学习模型分类，弹出界面如图6.37所示。

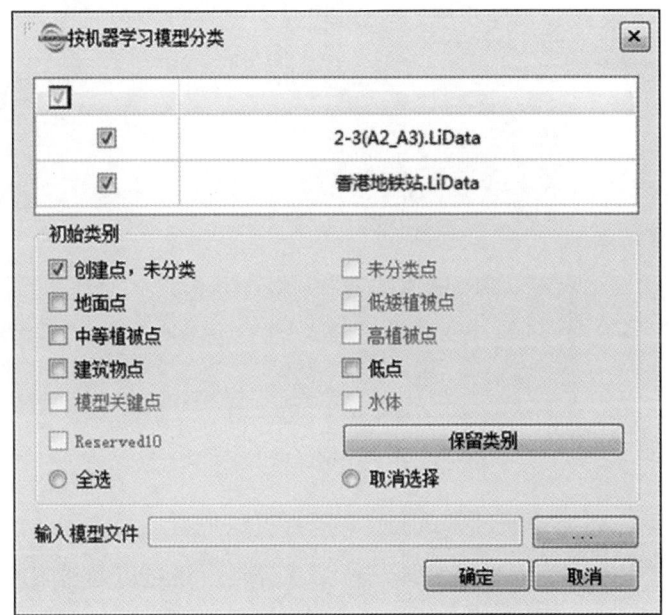

图6.37　按机器学习模型分类工具对话框

（2）参数设置如下。

①输入数据：输入文件可以是单个点云数据文件，也可以是点云数据集；待处理数据必须在LiDAR360软件中打开。

②起始类别：待分类类别。

③输入模型文件：导入训练好的模型文件，模型文件格式为自定义后缀为vcm的文件。该文件通过机器学习分类生成。

（十一）交互式编辑分类

因自动分类算法的准确度很难达到百分之百，很多时候需要人机交互分类才能满足产品要求。人工检查及重新分类在剖面窗口下进行，使用剖面工具检查分类结果并修改，为了分类的准确性，可生成三角网，通过三角网的实时变化辅助分类。

①在对点云进行交互式编辑分类时，最好保证点云以类别显示模式显示。点击颜色条工具栏中的按类别显示。

②点击打开剖面，开始检查分类结果。在剖面模式中主窗口点云只能2D模式显示。

③在上方点云窗口中选取点云，在下方剖面窗口显示对应所选取的点云。同时对于所选择区域可以通过点击前移或后移及点击进行旋转或半自动分类。

④对于分类不准确的点，可以采用剖面工具条中的线上选择与线下选择或者选择工具（提供多边形选择、矩形选择、圆形选择、套索选择、平面探测及圆形画刷选择）进行重新分类。首先单击或，进行类别设置；然后点击上述工具分类到指定类别（图6.38）。

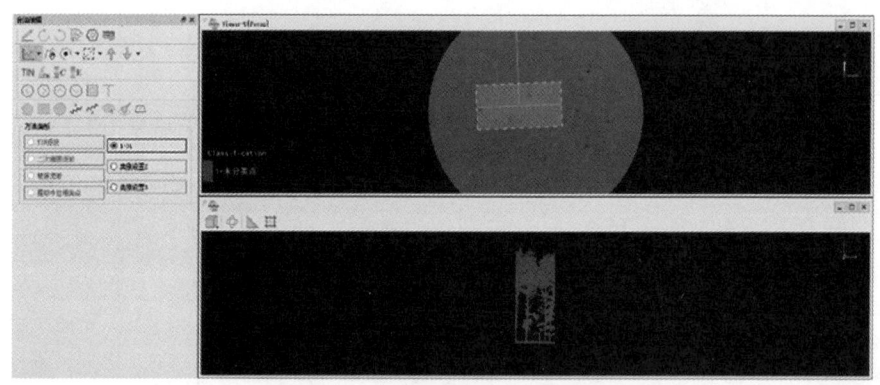

图6.38　剖面编辑分类（示意）

⑤一般情况下，还需要通过生成TIN来更直观地观察点云类别。点击生成TIN，通过点云与TIN的上方左右视图更直观地进行交互分类。还可以通过TIN的下拉菜单中的TIN左移、右移、上移、下移及选择块功能进行逐块交互分类（图6.39）。

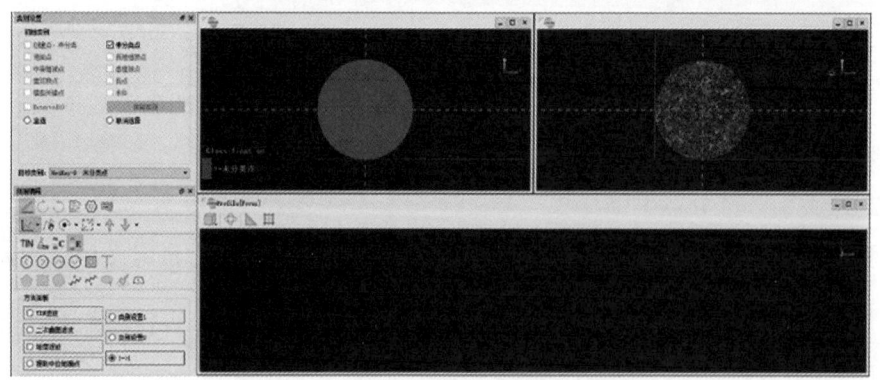

图6.39　点云与TIN的交互分类（示意）

⑥如果手动分类错误需要修改时，可以通过热键Ctrl+Z来撤销上一步操作，也可以通过点击清除，清除所有临时操作。

⑦在分类结束后确认无误后，应点击保存分类成果。

第二节　实践案例

一、导入点云数据

（1）右键点云→导入数据→进入数据文件夹→选择添加文件类型（LAS cloud）→添加数据（图6.40和图6.41）。

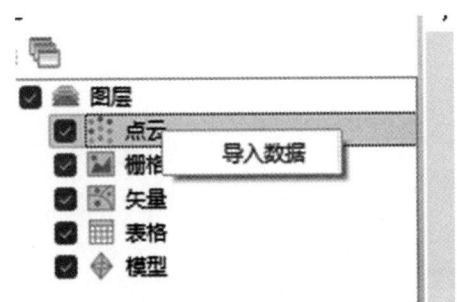

图6.40　右键点云按钮

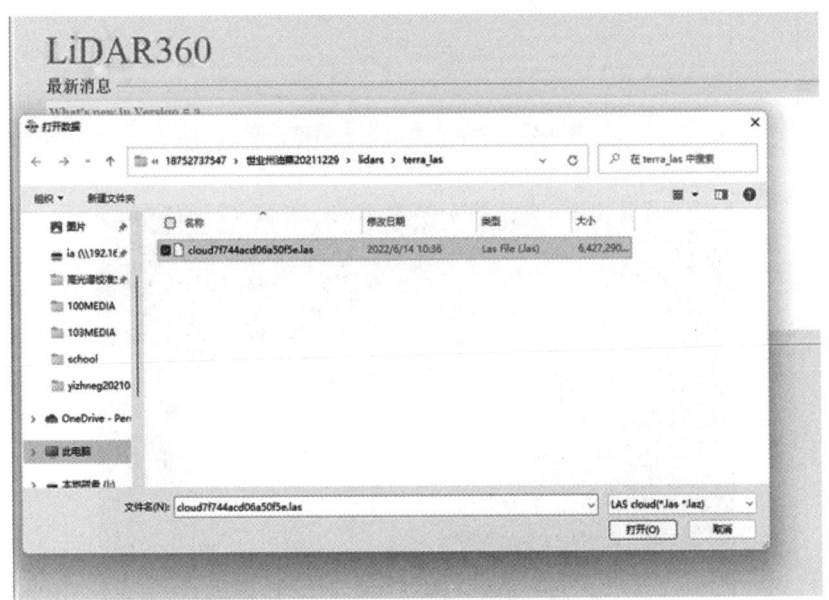

图6.41　添加点云数据界面

（2）点击应用（图6.42），显示效果如图6.43所示。

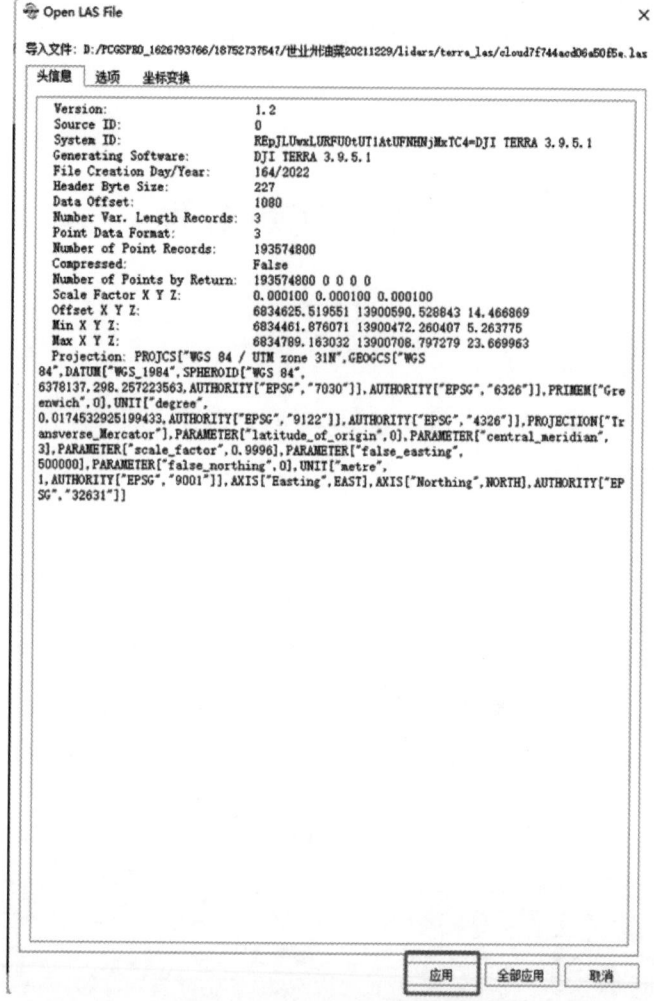

图6.42 添加点云数据头信息界面

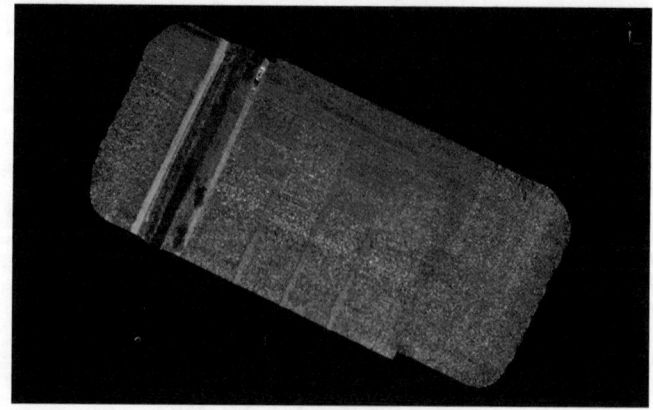

图6.43 油菜点云显示界面

二、点云分类

（一）地面点分类

点击分类→地面点分类→初始类别（创建点，未分类）→目标类别（2-地面点）→平坦地形→确定（图6.44和图6.45）。

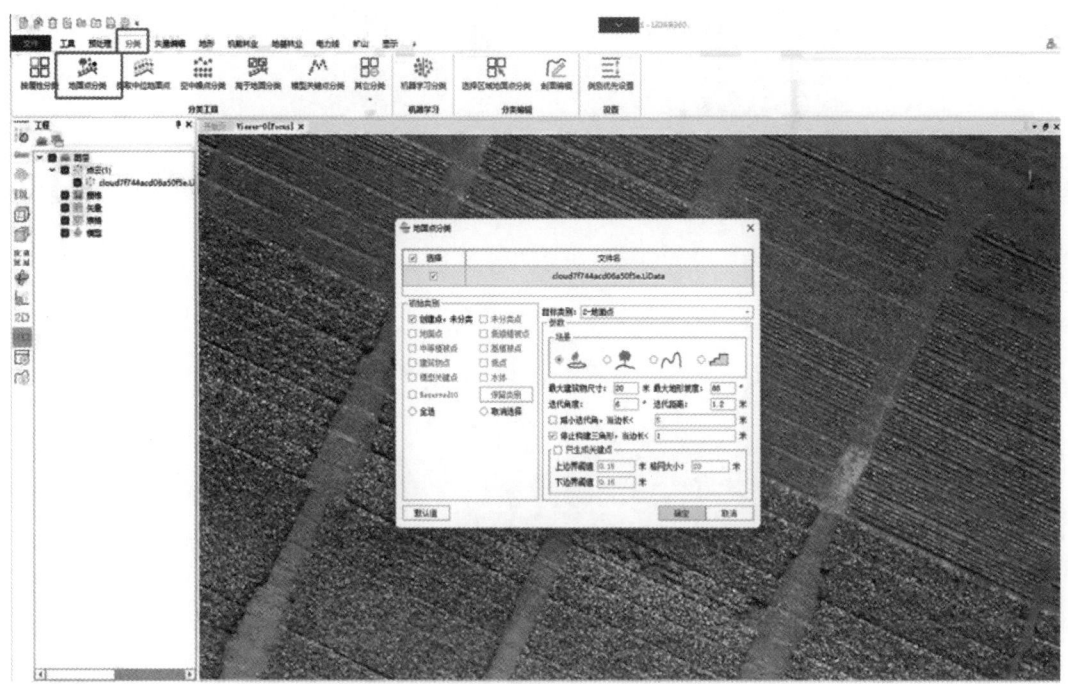

图6.44　地面点分类操作

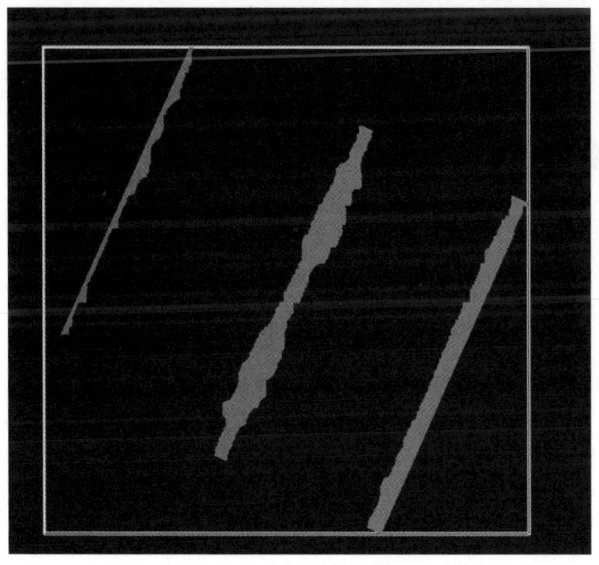

图6.45　地面点分类结果

（二）高于地面分类

点击分类→高于地面分类→初始类别（创建点，未分类、地面点）→目标类别（10-油菜）→最大高度1.5米，最小高度0米→确定（图6.46）。

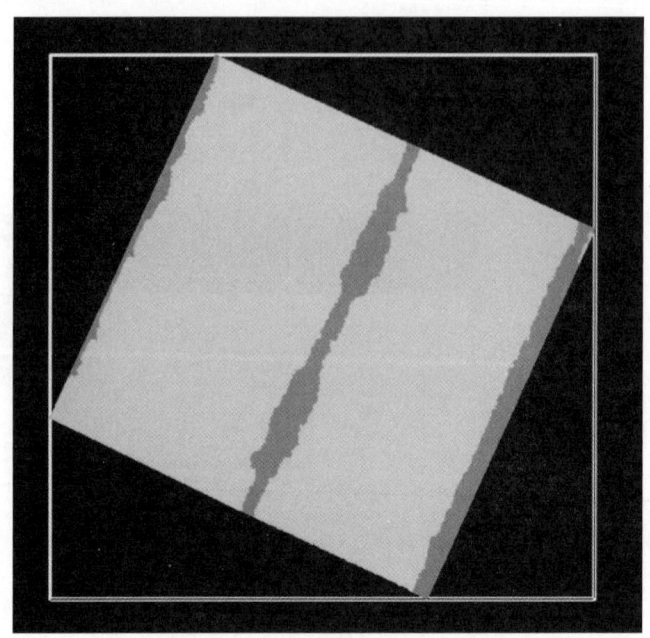

图6.46　油菜地面分类结果

课后习题

1. 完成小麦雷达三维点云数据获取与分类。
2. 完成玉米雷达三维点云数据获取与分类。

参考文献

江万寿，胡翔云，闫吉星，2019. 基于机载LiDAR点云的建筑物三维模型重建[M]. 北京：科学出版社.

谢宏全，2014. 基于激光点云数据的三维建模应用实践[M]. 武汉：武汉大学出版社.

赵夫群，郭晔，2023. 三维点云数据处理关键技术研究[M]. 北京：电子工业出版社.

第七章 农业数字图像分析与实践

第一节 软件介绍

Matlab是MathWorks公司开发的一款工程数学计算软件。不同于C++、Java、Fortran等高级编程语言是对机器行为进行描述,Matlab是对数学操作进行更直接的描述。Matlab图像处理工具箱封装了一系列针对不同图像处理需求的标准算法,通过直接或间接地调用Matlab中的矩阵运算和数值运算函数来完成图像处理任务。本节将介绍一些Matlab R2022a中与图像处理密切相关的数据结构及基本操作。

一、Matlab软件环境

（一）软件安装

首先,下载Matlab R2020a软件包,解压,双击打开exe文件,进入Matlab R2020a安装界面,在新弹出的窗口中,是否接受许可协议的条款,选择是,点击下一步（图7.1）。

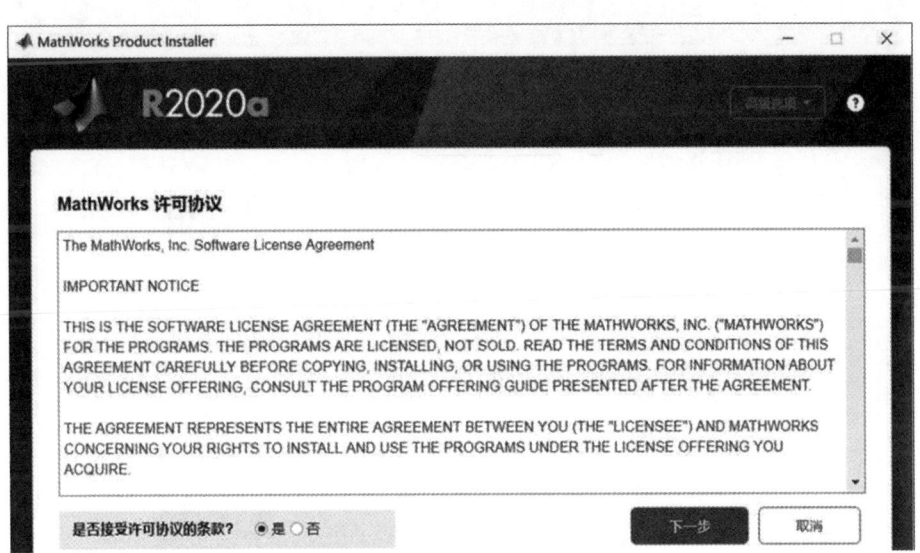

图7.1 接受许可协议条款

选择许可证文件，点击浏览，在刚才解压出来的目录中，选择license_standalone.lic即可，点击下一步（图7.2）。

图7.2　添加许可证文件

安装路径可以自由选择，这里选择的是d:\Program Files\Polyspace\R2020a，然后点击下一步（图7.3）。

图7.3　选择目标文件夹

根据自己的需要，选择需要的工具箱，默认全选，点击下一步（图7.4）。

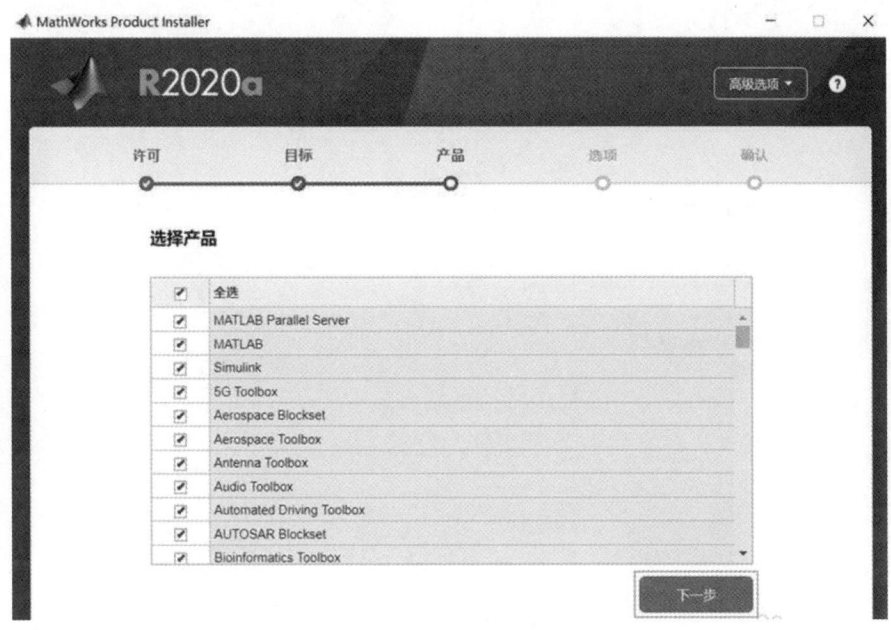

图7.4　选择工具箱

选择是否将快捷方式添加到桌面，点击下一步（图7.5）。

图7.5　将快捷方式添加到桌面

确定安装路径和所选择的产品，点击开始安装，等待软件安装完毕，这个过程可能比较久，软件安装包较大，请耐心等待（图7.6）。

图7.6 开始安装

安装完成后点击关闭按钮即可（图7.7）。

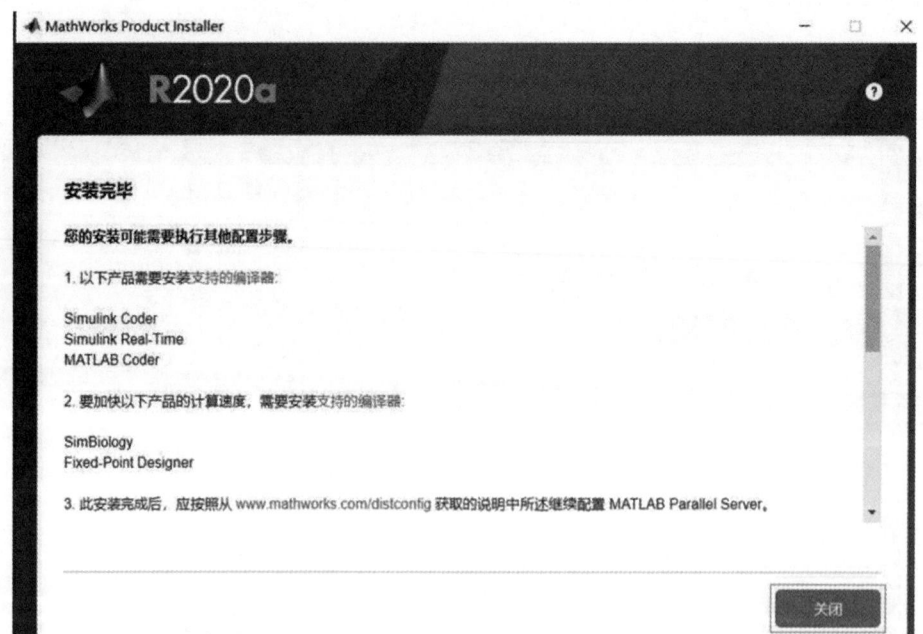

图7.7 完成安装

（二）软件界面

图7.8所示是运行于64-bit Windows操作系统上的Matlab R2022a界面。软件主要界

面由三个子窗口组成，左上为当前目录文件列表，右上方为当前工作区变量列表，右下方为当前和最近会话的命令历史记录，而中间的主窗口则是命令输入和结果输出区，>>为提示符。

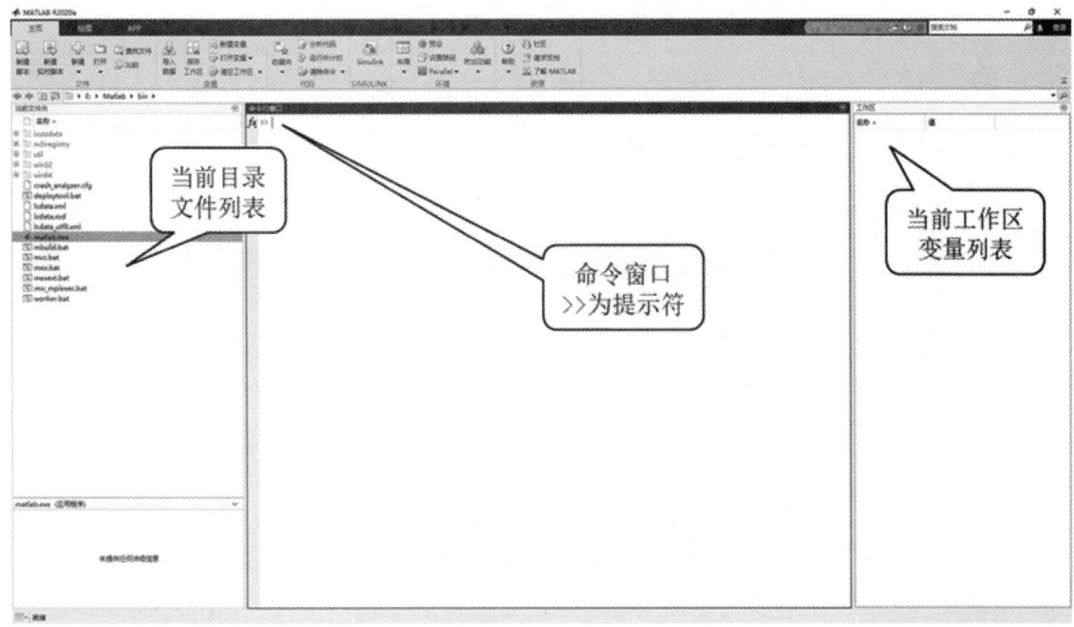

图7.8　Matlab界面

（三）Matlab命令与程序

可以在>>提示符后面输入简单的算式或带有函数的算式并按回车键，会提示ans＝0.866 0，这就是Matlab最基本的计算功能。

这样的输入形式实际上是Matlab命令，而如果在每行命令的结尾输入半角分号，命令窗口不会立即显示命令执行的结果，而会将结果保存在工作区中。

另外，也可以在文件菜单下执行New→M-Files命令来创建一个新的Matlab文件，在里面输入命令（以半角分号结尾），从而得到一个Matlab程序。在Matlab程序中，使用%表示注释，其用法与C或C++中的//注释符类似。

（四）跨行语句

Matlab允许在同一行中输入多条语句，之间用分号隔开。同时，Matlab还允许将同一条语句分割在多行书写以方便较长语句的阅读，方法是在行末使用三个半角圆点。

二、文件操作

默认情况下，Matlab可以自动搜索到当前目录和Matlab的路径变量path中所含有目录下面的文件。对处在这些位置可由Matlab执行的文件，直接在命令窗口中键入文件名即可运行。如果需要直接运行其他目录下的文件,就要使用addpath和genpath等命令向路径列表中添加路径。

(一)addpath函数

addpath函数向path变量中加入指定的目录路径,其原型如下。

```
addpath('dir','dir2','dir3'…'-flag')
```

该函数可以接受任意数目的参数。

(二)genpath函数

genpath函数生成包含指定目录下所有子目录的路径变量,其原型如下。

```
p=genpath('directory')
```

也可以在运行M文件时使用完整的文件路径,从而避免同名文件的冲突问题,或是从资源管理器中将M文件拖动到Matlab的命令窗口中直接运行。

(三)打开与编辑M文件

如果需要编辑某个文件,可以使用open命令和edit命令。

参数filename为需要打开的文件名。edit命令只能编辑M文件,而open命令可以使用Windows默认操作打开一系列其他类型的文件。

三、在线帮助的使用

在Matlab中,有四种方法获取软件的在线帮助。

(一)help命令

help命令可以用于查看Matlab系统或M文件内置的在线帮助信息。命令格式如下。

```
help command-name
```

command-name为需要查看在线帮助的命令或函数的名称。例如,想要查看doc命令的使用方法,可在命令提示符下直接输入help doc,如图7.9所示。

```
>> help doc
doc - 帮助浏览器中的参考页

    此 MATLAB 函数 打开帮助浏览器。如果帮助浏览器已打开但未显示,则 doc 将使其显示在前台并打开一个新的选项卡。

    doc
    doc name

    另请参阅 help, web

    doc 的文档
```

图7.9 help命令界面

（二）doc命令

doc命令可以用于查看命令或函数的HTML帮助，这种帮助信息可以在帮助浏览器窗口中打开。

图7.10所示doc命令为在命令行中输入doc imhist命令后出现的帮助示例界面。

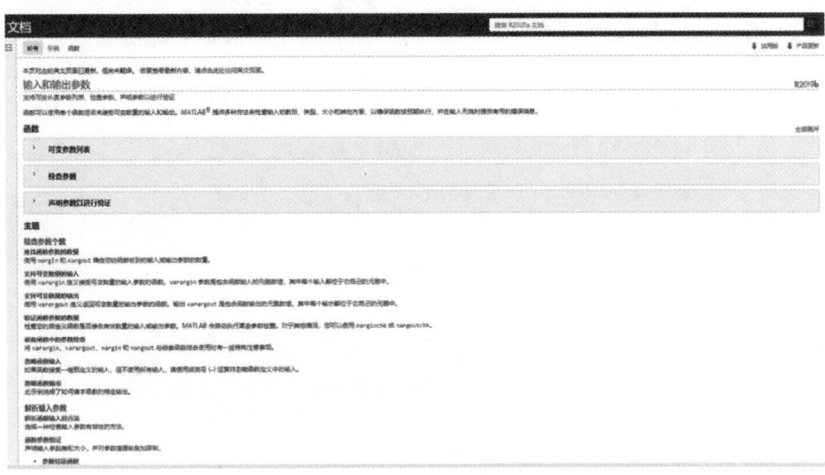

图7.10 doc命令界面

（三）lookfor命令

当忘记命令或函数的完整拼写时，可以使用lookfor命令查找当前目录和自动搜索列表下所有名字中含有所查内容的函数或命令。

keyword为指定要查找的关键字。此命令可以给出一个包含指定字符串的函数列表，其中的函数名称为超链接，单击即可查看该函数的在线帮助，如图7.11所示。

图7.11 lookfor命令界面

（四）F1键命令打开帮助浏览器

在Matlab R2020a的主界面中键盘的F1键，弹出如图7.12所示的对话框。

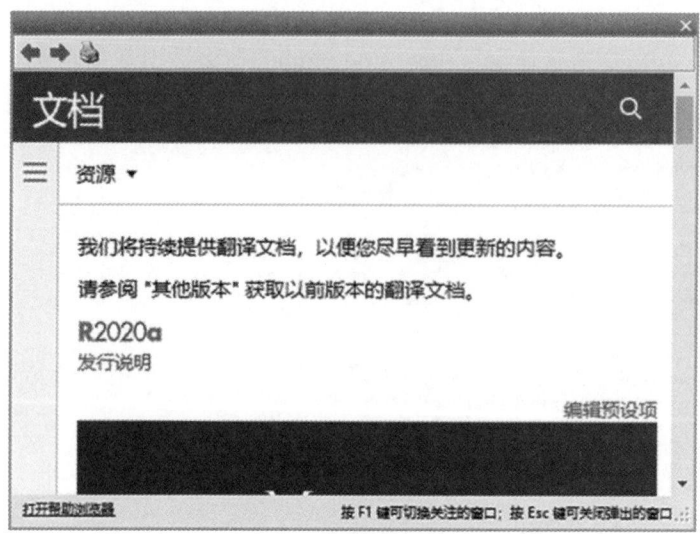

图7.12　按F1键的对话框

单击左下角的打开帮助浏览器链接打开如图7.13所示的帮助浏览器窗口。

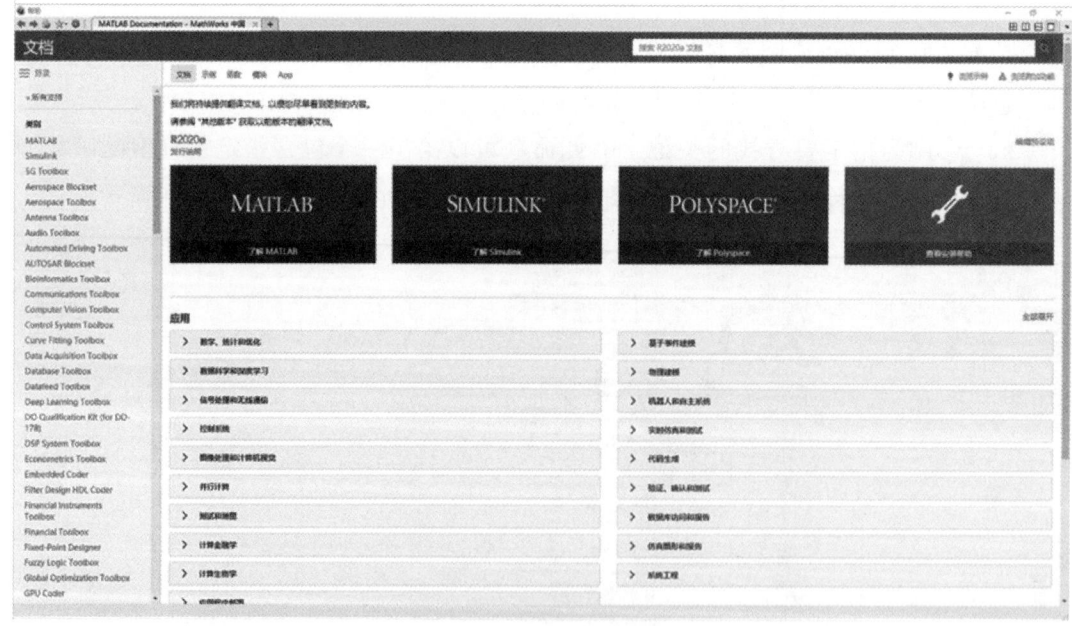

图7.13　帮助浏览器窗口

四、变量的使用

变量可以保存中间结果和输出数值等信息。Matlab中，变量的命名规则与C或C++

等常见的编程语言很类似,同时变量也是大小写敏感的。另外,Matlab中的变量不需要先行定义,但在使用前一定要赋值。

（一）变量的赋值

可以通过赋值语句来给变量赋值。赋值操作使用等号"="，例如a=5是给a这个变量赋值5，如果未定义变量a，会自动定义。在Matlab中，变量定义时不需要明确指明类型，Matlab会根据等号右边的值自动确定变量的类型。默认的数字存储类型为double型或double型数组，而字符的存储类型为char型，字符串的存储类型为char型数组。

对字符串赋值时，需要用半角单引号'括起来（注意：不是双引号，也不是任何的全角字符），例如：msg='Hello world'。

（二）内部变量

Matlab有某些内部变量名和保留字，如表7.1所示。变量命名时不要与表中内部变量重名。

表7.1 Matlab内部变量列表

变量	说明
ans	默认的结果输出变量
pi	圆周率
Inf或inf	无穷大值
i和j	单位虚数值
eps	浮点运算的相对精度
realmax	最大的正浮点数
realmin	最小的正浮点数
NaN或nan	不定量
nargin	函数输入参数个数
nargout	函数输出参数个数
lasterr	最近的错误信息
lastwarning	最近的警告信息
computer	计算机类型
version	Matlab版本

（三）查看工作区中的变量

使用who或whos命令可以查看所有当前工作区中变量的情况。使用clear或clear all命令可以清除工作区中所有变量定义，也可以在clear后面加上变量名清除特定的变量定义。另外，clc命令可以用来清屏，所以这两个命令通常用在M文件的开头用来构造一个干净的工作区。

（四）数据类型及其转换

Matlab中的数据类型列表如表7.2所示。

表7.2　Matlab数据类型

数据类型	说明
double	Matlab中最常见也是默认的数据类型，双精度方式存储的浮点数。有效范围是$-10^{308} \sim 10^{308}$。这同时也是Matlab所能直接给出的最大数值范围。此种类型占用的内存空间为8字节
unit8	8位无符号整数，范围是0~255。此种类型占用的内存空间为1字节
unit16	16位无符号整数，范围是0~65 535。此种类型占用的内存空间为2字节
unit32	32位无符号整数，范围是0~4 294 967 295。此种类型占用的内存空间为4字节
unit64	64位无符号整数，范围是0~18 446 744 073 709 551 615。此种类型占用的内存空间为8字节
int8	8位有符号整数，范围是-128~127。此种类型占用的内存空间为1字节
int16	16位有符号整数，范围是-32 768~32 768。此种类型占用的内存空间为2字节
int32	32位有符号整数，范围是-2 147 483 648~2 147 483 647。此种类型占用的内存空间为4字节
int64	64位有符号整数，范围是-9 223 372 036 854 775 808~9 223 372 036 854 775 807。此种类型占用的内存空间为8字节
single	单精度浮点数，范围是-1 038~1 038。此种类型占用的内存空间为4字节
char	字符型变量，占用空间为2字节
logical	布尔型变量，占用空间为1字节。此种类型的转换函数也可以使用boolean或logical等效

默认情况下，Matlab将变量存储为双精度浮点数，而Matlab中的很多函数也只接受这种类型的数据。然而，图像处理操作中经常使用到unit8等类型的数据，这就需要执行数据类型的强制转换操作。

（五）读取与保存工作区中的变量

save命令可以将当前工作区的变量以二进制的方式保存到扩展名为MAT的文件中；load命令可以读出这样的文件。

五、矩阵的使用

（一）矩阵的定义

在Matlab中定义矩阵很简单。可以使用半角分号分隔行与行，使用半角逗号分隔列与列来直接定义矩阵，还有另一种方式可以生成行向量，［begin：inc：end］会生成从begin开始到end结束，增量为incre的一系列数字组成的向量。如果间隔为1，可以忽略中间的参数，直接输入I=［2:10］即可。

（二）生成特殊矩阵

除直接定义外，还可以通过函数生成特定的矩阵，例如，eye（n）生成N阶单位阵，zeros（n）生成N阶每个元素均为0的方阵，magic（n）生成N阶幻方阵，等等。常见的用于生成矩阵的函数列表如表7.3所示。

表7.3 生成矩阵的函数

函数名称	用途
eye	产生单位矩阵
zeros	产生全部元素为0的矩阵
ones	产生全部元素为1的矩阵
true	产生全部元素为真的逻辑矩阵
false	产生全部元素为假的逻辑矩阵
rand	产生均匀分布随机矩阵
randn	产生正态分布随机矩阵
randperm	产生随机排列
Linspace	产生线性等分的矩阵
Logspace	产生对数等分向量
Company	产生伴随矩阵
Hadamarb	产生Hadamarb矩阵
Magic	产生幻方矩阵
Hilb	产生Hilbert矩阵
Invhilb	产生逆Hilbert矩阵

（三）获得矩阵大小的维度

Size函数可以获得指定数组某一维的大小，可以用来查看图像的高度和宽度以及动态图像的帧数等。其调用方法如下。

```
Size(A, dim)
```

A为需要查看大小的数组。

dim为指定的要查看的维数,这是一个可选参数,若不指定此参数,返回值为一个包含数组从第一维到最后一维大小的数组。

（四）访问矩阵元素

访问矩阵的一个元素的方式是在矩阵名字的后面注明行列序号,例如访问A的第三行第二列元素就是A（3,2）。提取矩阵的一整行元素,如要提出A的第二行使用A（2,:）,如果是第二列则是A（:,2）;而A（:）表示将矩阵按列存储得到一个长列向量。对于矩阵A,提取矩阵元素或子块的方法如表7.4所示。

表7.4 提取矩阵元素或子块的方法

命令片段	用途
A（m, n）	提取m行n列位置的一个元素
A（:, n）	提出第n行
A（m, :）	提出第m行
A（m1:m2, n1:n2）	提出m1到m2行,n1到n2列的一个子块
A（m:end, n）	提出m行到最后一行,第n列的一个子块
A（:）	将矩阵按列存储得到一个长列向量

（五）进行矩阵运算

可以像对数字操作一样对矩阵进行操作,常见算术运算符的使用方法如表7.5所示。

表7.5 常见算术运算符

运算	符号	对应函数	说明
加	+	Plus（A, B）	
减	-	Minus（A, B）	
乘	*	Mtimes（A, B）	即通常意义上的矩阵乘法
点乘	.*	Times（A, B）	矩阵的对应元素相乘。参与运算的两个矩阵必须拥有同样的大小
乘方	.^	Mpower（A, B）	对矩阵的每一个元素进行指定幂次的乘方
矩阵乘方	^	Power（A, B）	

表7.5 （续）

运算	符号	对应函数	说明
矩阵左除	\	Mldevide（A，B）	左除A\B相当于inv（A）*B
矩阵右除	/	Mrdevide（A，B）	右除A/B相当于B*inv（A）
左除	.\	Idevide（A，B）	矩阵中对应位置的元素的左除
右除	./	Rdevide（A，B）	矩阵中对应位置的元素的右除
矩阵与向量转置	.'	Transpose（A，B）	这里的转置不对复数进行共轭操作
复数矩阵转置（共轭）	'	Ctranspose（A，B）	应用于复数数值时的含义是取共轭，应用于实数矩阵时的含义与普通转置相同，应用于复数矩阵时首先对所有元素取共轭再求矩阵转置

矩阵运算的求值顺序和一般的数学求值顺序相同：表达式是从左向右执行的，幂运算的优先级最高，乘除次之，最后是加减。如果有括号，那么括号的优先级是最高。

对于图像矩阵，还有一系列Matlab函数可以进行专门针对图像的像素级操作。如图像叠加imadd，图像相减imsubtract等。

第二节　数据分析流程

一、数字图像

自然界中的图像都是模拟量，在计算机普遍应用之前，电视、电影、照相机等图像记录与传输设备都是使用模拟信号对图像进行处理。但是，计算机只能处理数字量，而不能直接处理模拟图像。所以需要在使用计算机处理图像之前进行图像数字化。

（一）什么是数字图像

简单地说，数字图像就是能够在计算机上显示和处理的图像，可根据其特性分为两大类——位图和矢量图。位图通常使用数字阵列来表示，常见格式有BMP、JPG、GIF等；矢量图由矢量数据库表示，接触最多的就是PNG图形。

可以将一幅图像视为一个二维函数$f(x, y)$，其中x和y是空间坐标，而在x-y平面中的任意一对空间坐标(x, y)上的幅值f称为该点图像的灰度、亮度或强度。此时，如果x、y均为非负有限离散，则称该图像为数字图像（位图）。

一个大小为M*N数字图像是由M行N列的有限元素组成的，每个元素都有特定的位置和幅值，代表了其所在行列位置上的图像物理信息，如灰度和色彩等。这些元素称为图像元素或像素。

（二）数字图像的显示

不论是CRT显示器还是LCD显示器，都是由许多点构成的，显示图像时这些点对应着图像的像素，称显示器为位映像设备。所谓位映像，就是一个二维的像素矩阵，而位图也就是采用位映像方法显示和存储的图像。当一幅数字图像被放大后就可以明显地看出图像是由很多方格形状的像素构成的。

（三）数字图像的分类

根据每个像素所代表信息的不同，可将图像分为二值图像、灰度图像以及RGB图像等。

1. 二值图像

每个像素只有黑、白两种颜色的图像称为二值图像。在二值图像中，像素只有0和1两种取值，一般用0表示黑色，用1表示白色。

2. 灰度图像

在二值图像中进一步加入许多介于黑色与白色之间的颜色深度，就构成了灰度图像。这类图像通常显示为从最暗的黑色到最亮的白色的灰度，每种灰度（颜色深度）称为一个灰度级，通常用L表示。在灰度图像中，像素可以取0~（L-1）之间的整数值，根据保存灰度数值所使用的数据类型不同，可能有256种取值或者说2k种取值，当k=1时即退化为二值图像。

3. RGB图像

众所周知，自然界中几乎所有颜色都可以由红（Red，R）、绿（Green，G）、蓝（Blue，B）三种颜色组合而成，通常称为RGB三原色。计算机显示彩色图像时采用最多的就是RGB模型，对于每个像素，通过控制R、G、B三原色的合成比例决定该像素的最终显示颜色。

对于三原色RGB中的每一种颜色，可以像灰度图那样使用L个等级来表示含有这种颜色成分的多少。例如，对于含有256个等级的红色，0表示不含红色成分，255表示含有100%的红色成分。同样，绿色和蓝色也可以划分为256个等级。这样每种原色可以用8位二进制数据表示，于是三原色总共需要24位二进制数，这样能够表示出的颜色种类数目为$256 \times 256 \times 256 = 2^{24}$，大约有1 600万种，已经远远超过普通人所能分辨出的颜色数目。

RGB颜色代码可以使用十六进制数减少书写长度，按照两位一组的方式依次书写R、G、B三种颜色的级别。例如，0xFF0000代表纯红色，0x00FF00代表纯绿色，而0x00FFFF代表青色（这是绿色和蓝色的加和）。当RGB三种颜色的浓度一致时，所表示的颜色就退化为灰度，例如，0x808080就是50%的灰色，0x000000为黑色，而0xFFFFFF为白色。常见颜色的RGB组合值如表7.6所示。

表7.6　常见颜色的RGB组合值

颜色	R	G	B
红色（0xFF0000）	255	0	0
蓝色（0x00FF00）	0	255	0
绿色（0x0000FF）	0	0	255
黄色（0xFFFF00）	255	255	0
青色（0x00FFFF）	0	255	255
紫色（0xFF00FF）	255	0	255
白色（0xFFFFFF）	255	255	255
黑色（0x000000）	0	0	0
灰色（0x808080）	128	128	128

未经压缩的原始BMP文件就是使用RGB标准给出的三个数值来存储图像数据的，称为RGB图像。在RGB图像中每个像素都是用24位二进制数表示。

二、数字图像处理与识别

（一）从图像处理到图像识别

图像处理、图像分析和图像识别是认知科学与计算机科学中的一个令人兴奋的活跃分支。从1970年这个领域经历了人们对其兴趣的爆炸性增长以来，到20世纪末逐渐步入成熟。其中，遥感、技术诊断、智能车自主导航、医学平面和立体成像以及自动监视领域是发展最快的一些方向。这种进展最集中地体现在市场上多种应用这类技术的产品的纷纷涌现。事实上，从数字图像处理到数字图像分析，再发展到最前沿的图像识别技术，其核心都是对数字图像中所含有的信息的提取及与其相关的各种辅助过程。

1. 数字图像处理

数字图像处理就是指使用电子计算机对量化的数字图像进行处理，也就是通过对图像进行各种加工来改善图像的外观，是对图像的修改和增强。

图像处理的输入是从传感器或其他来源获取的原始的数字图像,输出是经过处理后的输出图像。处理的目的可能是使输出图像具有更好的效果,便于使用者观察;也可能是为图像分析和识别做准备,此时的图像处理是作为一种预处理步骤,输出图像将进一步供其他图像分析、识别算法使用。

2. 数字图像分析

数字图像分析是指对图像中感兴趣的目标进行检测和测量,以获得客观的信息。数字图像分析通常是指将一幅图像转化为另一种非图像的抽象形式,如图像中某物体与测量者的距离以及目标对象的计数或其尺寸等。这一概念的外延包括边缘检测和图像分割、特征提取以及几何测量与计数等。

图像分析的输入是经过处理的数字图像,其输出通常不再是数字图像,而是一系列与目标相关的图像特征,如目标的长度、颜色、曲率和个数等。

3. 数字图像识别

数字图像识别主要研究图像中各目标的性质和相互关系,识别出目标对象的类别,从而理解图像的含义。这往往囊括了使用数字图像处理计数的很多应用项目,如光学字符识别、产品质量检验、人脸识别、自动驾驶、医学图像和地貌图像的自动判读理解等。

图像识别是图像分析的延伸,它根据从图像分析中得到的相关描述(特征)对目标进行分类,输出感兴趣的目标类别标号信息(符号)。

总而言之,从图像处理到图像分析再到图像识别这个过程,是将图像所含有的信息抽象化、尝试降低信息熵、提炼有效数据的过程,如图7.14所示。

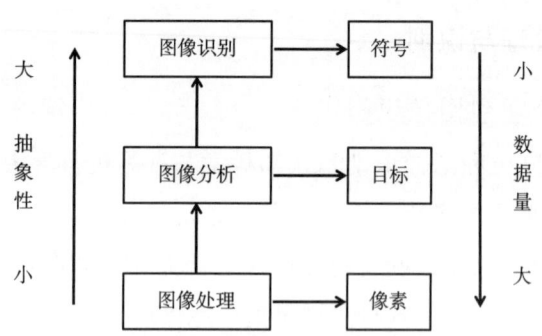

图7.14 数字图像处理、分析和识别的关系

从信息论的角度,图像应当是物体所含信息的概括,而数字图像处理侧重于将这些概括的信息进行变换,例如升高或降低熵值。数字图像分析则是将这些信息抽取出来以供其他过程调用。当然,在不太严格时,数字图像处理也可以兼指图像处理和分析。

（二）数字图像处理与识别的基本步骤

总体来说，数字图像处理与识别包括以下几项内容。

1. 图像的点运算

通过灰度变换可以有效改善图像的外观，并在一定程度上实现图像的灰度归一化，如图像拉伸、对比度增强、直方图均衡以及直方图匹配等。

2. 图像的几何变换

主要应用在图像的几何归一化和图像校准当中。

图像的点运算和几何变换是图像前期预处理工作必要的一部分，是图像处理中相对固定和程式化的内容。

3. 图像增强

作为数字图像处理中相对简单却最具艺术性的领域之一，可理解为根据特定的需要突出一幅图像中的某些信息，同时削弱或去除某些不需要的信息的处理方法。其主要目的是使处理后的图像对某种特定的应用来说，比原始图像更适用。作为图像处理中一个相当主观的领域（增强的目的是可以让使用者更好地观察和认知图像），图像增强是以下多种图像处理方法的前提与基础，也是在图像获取后的先期步骤。

4. 小波变换

伴随着人们对图像压缩、边缘和特征检测以及纹理分析的需求的提高应运而生。傅里叶变换一直是频率域图像处理的基石，它能用正弦函数之和表示任何分析函数，而小波变换则基于一些有限宽度的基小波，这些小波不仅在频率上是变化的，而且具有有限的持续时间。

5. 图像复原

与图像增强相似，其目的也是改善图像质量。但图像复原是试图利用退化过程的先验知识使已被退化的图像恢复本来面目，而图像增强是用某种试探的方式改善图像质量，以适应人眼的视觉与心理。引起图像退化的因素包括由光学系统、运动等造成的图像模糊，以及源自电路和光学因素的噪声等。图像复原是基于图像退化的数学模型，复原的方法也建立在比较严格的数学推导上。

6. 彩色图像处理

从图像的类型来说，主要包括对全彩图像的处理，也包括灰度图像的伪彩色化。

7. 形态学图像处理

是一种将数学形态学推广应用于图像处理领域的新方法，是一种基于物体自然形态的图像处理分析方法。而形态学的概念最早来源于生物学，是一门生物学中研究动物和植物结构的一个分支科学。数学形态学（也称图像代数）则是一种以形态为基础对图像进行分析的数学工具，其基本思想是用具有一定形态的结构元素去度量和提取图像中的对应形状以达到对图像分析和识别的目的。图像形态学往往用于边界提取、区域填充、连通分量的提取、凸壳、细化、像素化等图像操作。

8. 图像分割

是指将一幅图像分解为若干互不交叠区域的过程，分割出的区域需要同时满足均匀性和连通性的条件。目标的表示与描述是指用组成目标区域的像素或区域边界的像素标出这一目标，并且对目标进行抽象描述，使计算机能充分利用所获得的处理分割结果。实际上，表达和描述的联系是十分紧密的，表达的方法限制了描述的精确性，而只有通过对目标的描述，各种表达方法才有意义。

9. 特征提取

指的是进一步处理之前得到的图像区域和边缘，使其成为一种更适合于计算机处理的形式。为了使计算机能够"理解"图像，从而具有真正意义上的"视觉"，研究如何从图像中提取有用的数据或信息，得到图像的"非图像"的表示或描述，如数值、向量和符号等，这一过程就是特征提取，而提取出来的这些"非图像"的表示或描述就是特征。有了这些数值或向量形式特征就可以通过训练过程教会计算机如何懂得这些特征，从而使计算机具有了识别图像的本领。常用的图像特征有纹理特征、形状特征、空间关系特征等。

10. 对象识别

一般是指利用前一步从数字图像中提取出的特征向量进行分类和理解的过程，这涉及计算机技术、模式识别、人工智能等多方面的知识。这一步骤是建立在前面诸多步骤的基础上的，用以向上层控制算法提供最终所需的数据或直接报告识别结果。事实上，对象识别已经上升到了机器视觉的层面上。

经过上述处理步骤，最初的一幅原始的、可能存在干扰和缺损的图像就变成了其他控制算法需要的信息，从而实现了图像理解的最终目的。以上概括了数字图像处理的基本顺序，但不是每个图像处理系统都一定需要进行所有这些步骤。事实上，很多图像处理系统并不需要处理彩色图像，或者不需要进行图像复原。在实际的图像处理系统设计中，应当根据实际需要决定采用哪些步骤和模块。

对于一个数字图像处理系统来说，一般可以将处理流程分为三个阶段。在获取原始图像后，首先是图像预处理阶段，其次是特征抽取阶段，最后才是识别分析阶段。

三、几何变换

（一）图像平移

图像平移就是将图像中所有的点按照指定的平移量水平或者垂直移动。

imtransform函数用于完成一般的二维空间变换，原型如下。

```
B=imtransform（A，TFORM，method）
```

参数A为要进行几何变换的图像。

空间变换结构TFORM指定了具体的变换类型。

可选参数method允许为imtransform函数选择插值方法。

函数输出B为经imtransform变换后的目标图像。

可以通过两种方法创建TFORM结构，即使用maketform函数和cp2tform函数。cp2tform是一个数据拟合函数，它需要原图像与目标图像之间的对应点对作为输入，用于确定基于控制点对的几何变换关系（图7.15和图7.16）。

```
1   I=imread('coins.png');
2   I_out =imMove(I,30,30);
3   subplot(1, 2, 1),imshow(I);
4   title('原图像');
5   subplot(1, 2, 2),imshow(I_out);
6   title('平移图像');
7   function I_out = imMove(I, Tx, Ty)
8       tform = maketform("affine",[1 0 0;0 1 0;Tx Ty 1]);
9       I_out = imtransform(I, tform,"XData",[1 size(I,2)],"YData",[1 size(I, 1)]);
10  end
```

图7.15　平移变化代码

原图像　　　　　　　　图像平移

图7.16　平移变换效果

（二）图像镜像

镜像变换又分为水平镜像和竖直镜像。水平镜像是将图像左半部分和右半部分以图像竖直中轴线为中心轴进行对换；竖直镜像是将图像上半部分和下半部分以图像水平中轴线为中心轴进行对换（图7.17和图7.18）。

```
A = imread('coins.png');
[height,width,dim]=size(A);
tform = maketform('affine',[-1 0 0;0 1 0; width 0 1]);
B = imtransform(A, tform, 'nearest');
tform2 = maketform('affine', [1 0 0;0 -1 0;0 height 1]);
C = imtransform(A, tform2, 'nearest');
subplot(1, 3, 1), imshow(A);
title('原图像');
subplot(1, 3, 2), imshow(B);
title('水平镜像');
subplot(1, 3, 3), imshow(C);
title('竖直镜像');
```

图7.17 镜像变换代码

图7.18 镜像变换效果

（三）图像转置

图像转置是将图像像素的x坐标和y坐标互换。转置后图像的大小会随之改变，高度和宽度将互换（图7.19和图7.20）。

```
1 -    A = imread('coins.png');
2 -    tform = maketform('affine',[0 1 0;1 0 0;0 0 1]);
3 -    B = imtransform(A, tform,'nearest');
4 -    subplot(1, 2, 1), imshow(A);
5 -    title('原图像');
6 -    subplot(1, 2, 2), imshow(B);
7 -    title('图像转置');
```

图7.19　图像转置代码

原图像　　　　　　　　　　　图像转置

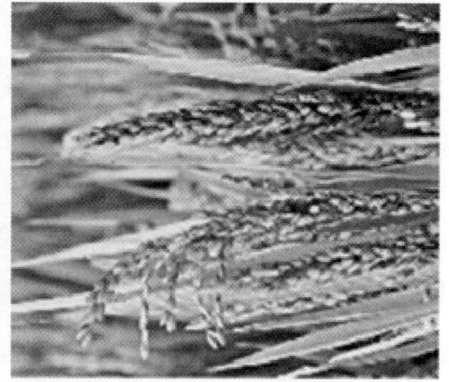

图7.20　转置变换效果

四、图像分割

图像分割是指将图像中具有特殊意义的不同区域划分开来，这些区域是互不相交的，每个区域满足灰度、纹理、彩色等特征的某种相似性准则。图像分割是图像的分析过程中最重要的步骤之一，分割出的区域可以作为后续特征提取的目标对象。第三节两个实例均为图像分割流程的具体操作。

第三节　实践案例

一、麦田杂草图像的识别

（一）麦田杂草图像的预处理

在实际操作中，使用数码相机采集图像，将采集的数码图像传入计算机内。图7.21为采集到的图像。

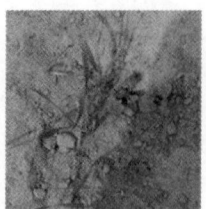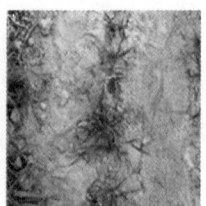

图7.21 田间杂草与麦苗图像

图像增强可以在频率域进行，也可以在空间域进行。预处理部分主要包括对图像增强和噪声滤除。空间域增强主要在空间域内对像素灰度值直接进行运算处理，处理速度比在频率域要快得多。空间域的直方图均衡化法比灰度线性变换法效果更好，变换后的图像更为清晰、更能突出图像的细节。

噪声常常和信号交织在一起，平滑不当就使图像本身的很多细节变得模糊不清，从而使图像降质。中值滤波降低噪声的效果比较明显，在灰度值变化比较小的情况下可以得到很好的平滑处理，降低了图像边界部分的模糊程度。为了能较好地保护杂草叶片边缘及中间叶脉部分的细节信息，选取窗口大小5×5窗口滤波。基于直方图均衡化与中值滤波的图像预处理方法的MATLAB程序如下（图7.22至图7.24）。

```
1  a = imread('1.jpg');
2  I=rgb2gray(a);
3  J = histeq(I);
4  subplot(1,2,1),imshow(I);
5  subplot(1,2,2),imshow(J);
6  figure,subplot(1,2,1),imhist(I,64);
7  subplot(1,2,2),imhist(J,64);
8  figure;
9  I1 = imnoise(I,'gaussian',0,0.02);
10 imshow(I1);
11 figure;
12 filter1 = medfilt2(I1,[5,5]);
13 imshow(filter1);
```

图7.22 图像去噪代码

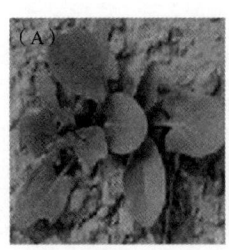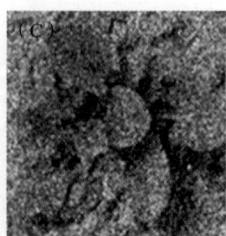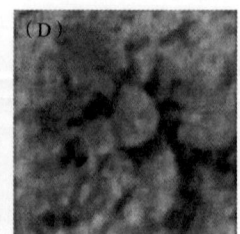

图7.23 原始图像（A）、图像增强效果（B）、噪声图像（C）、图像去噪效果（D）

图7.23（A）为原始图像进行灰度处理的图像，图7.23（B）为图7.23（A）增强后得到的图像，可以看出，图像增强后，图像中草和土壤的细节更加清晰，有利于后面分割处理；图7.23（C）为含有噪声的图像，图7.23（D）为图7.23（C）去噪后得到的图像，从图7.23（D）中可以看出，图像保留的大部分草的边缘信息，同时图像噪声得到了大幅减弱，为后续的纹理分析奠定了良好的基础。

图7.24 杂草去噪图像

（二）绿色植物与土壤背景的分割

1. 杂草图像颜色特征分析

物体的颜色都是由物体的反射光特性决定的，取决于光源特性和物体表面的物理、化学特性。有生命的绿色植物的反射光谱特性不同于无生命的土壤背景，因而杂草和土壤背景在颜色上形成了鲜明的对比，利用这一特点可对绿色植物与土壤背景进行分割。

（1）RGB空间颜色参数测定与分析。

在RGB颜色空间各颜色因子统计测验结果如表7.7所列，可以看出，在相同光照条件下，土壤、作物残留物等非植物背景区的红色分量占主导地位，而杂草区中却是以绿色分量G颜色因子为主，并且G显著高于R与B的值，为植物和非植物背景的识别提供了很好的依据。

表7.7 未归一化的特征R、G、B的统计值

类型	均值			标准偏差		
	R	G	B	R	G	B
土壤	134.00	128.90	129.20	13.96	13.75	13.46
植物残留物	1 444.20	140.20	13.60	74.64	55.06	55.83
阔叶杂草	148.80	195.20	159.30	6.83	7.96	7.04
窄叶杂草	134.00	188.30	167.30	7.02	7.19	7.09

(2) rgb空间颜色参数测定与分析。

由于人眼感受光强的动态范围高达10个数量级,而现有摄像机和胶片的动态范围只不过是其中的一个小窗口。用这些设备采集到的RGB值很容易受到环境光强和物体明暗的影响。为了降低这些影响,采用下列归一化公式将RGB值归一化形成rgb颜色空间:

$$r=\frac{R}{R+G+B} \quad g=\frac{G}{R+G+B} \quad b=\frac{B}{R+G+B}$$

表7.8为归一化颜色特征因子r、g、b的统计值,可以看出,非植物类的r、g、b分量所占的比重几乎相等,颜色因子r相对稍大一些,植物类中g分量所占的比重仍然最大。各类的r、g、b分量取值都为0.3~0.4,由于将RGB模型归一化得到rgb彩色空间后克服光照变化的影响,植物残留物的标准偏差相对减小。

表7.8 归一化颜色特征因子r、g、b的统计值

类型	均值			标准偏差		
	r	g	b	r	g	b
土壤	0.341 7	0.328 7	0.329 5	0.033	0.025	0.040
植物残留物	0.371 6	0.361 3	0.267 0	0.042	0.027	0.023
阔叶杂草	0.295 6	0.387 8	0.316 5	0.046	0.024	0.051
窄叶杂草	0.273 7	0.384 5	0.341 7	0.021	0.030	0.042

(3) HIS空间颜色参数测定与分析。

HIS颜色空间测定结果如表7.9所列,可以看出,杂草区的饱和度(S)同背景区相比部分偏低;而色度(H)远远大于非植物部分,而且色度标准偏差很小,随情况变化幅度变化不大,两者之间几乎不存在重叠现象;亮度(I)稍高于背景区,但差别并不明显,克服了RGB颜色空间中土壤和杂草的偏差值都较大、有交叠区出现的现象。

表7.9 HIS颜色空间中各颜色因子H、S、I的统计值

类型	均值			标准偏差		
	H	S	I	H	S	I
土壤	0.044 1	0.520 2	0.548 3	0.078 5	0.979 2	0.188 2
植物残留物	0.074 7	0.188 6	0.608 4	0.008 4	0.022 0	0.105 0
阔叶杂草	0.238 2	0.366 0	0.765 4	0.062 1	0.041 2	0.133 3
窄叶杂草	0.221 2	0.471 8	0.712 1	0.025 5	0.025 0	0.018 1

2. 颜色特征的选择

从上述的统计值和分析中可以看出，颜色特征因子在计算机识别杂草中对于背景的分割有很大的作用。因此，可以采用RGB模型、HSI模型以及归一化的rgb模型中各颜色特征因子的不同组合及其统计参量作为杂草图像的颜色特征表征，如表7.10所列。

表7.10 颜色特征值

序号	颜色特征组合	序号	颜色特征组合
1	R−G	12	2g−r−b
2	R−B	13	g−b/|r−g|
3	G−B	14	H_{mean}
4	2G−R−B	15	$H_{variance}$
5	（R+G+B）/3	16	S_{mean}
6	|R−B|/2	17	$S_{variance}$
7	2.5G−R−B	18	$H_{mean}-S_{mean}$
8	（R+4G+B）/6	19	$H_{mean}+S_{mean}$
9	r−g	20	$H_{mean}-V_{mean}$
10	r−b	21	$2H_{mean}$
11	g−b	22	H_{square}

3. 分割方法分析

利用上述颜色特征组合将彩色图像转化成灰度图像，然后根据图像中要提取的杂草区与背景区在灰度特性上的差异把图像视为具有不同灰度级的区域组合，通过选取阈值将杂草区从背景中分离出来。采用阈值法分割阈值的选取至关重要，如果阈值选得过高，则过多的目标点将被误分为背景；阈值选得过低，则目标点不能完全分离出，影响分割后二值图像的目标大小和形状，甚至使目标丢失。因此，本书中采用迭代法求取最佳阈值的分割算法，具体步骤如下。

步骤一，求出图像中的最大和最小灰度值S_l、S_h，令初始阈值为：

$$T_0=\frac{S_l+S_h}{2}$$

步骤二，根据阈值T_k将灰度图像分成目标和背景两部分（第一次分割时，$T_k=T_0$），然后求出目标和背景两部分的平均灰度值S_1、S_2：

$$S_1 = \sum_{S(i,j) pT_k} S(i,j) \times N(i,j) \Big/ \sum_{Z(i,j) pT_k} N(i,j)$$

$$S_2 = \sum_{S(i,j) iT_k} S(i,j) \times N(i,j) \Big/ \sum_{Z(i,j) iT_k} N(i,j)$$

式中，$S(i,j)$ 是图像上 (i,j) 点的灰度值，$N(i,j)$ 是 (i,j) 点的权重系数，一般 $N(i,j) = (1,0)$。

步骤三，求出新的阈值：

$$T_{k+1} = \frac{S_i + S_j}{2}$$

步骤四，如果 $T_k = T_{k+1}$，则算法结束，否则 $k \rightarrow k+1$，转步骤二。

4. 结果及结果分析

分割后的二值图像不仅可以大量压缩数据、减少存储容量，而且能大大简化其后的分析和处理步骤。灰度图像经二值化后，在背景区会出现块状噪声和不均匀的颗粒噪声，可采用多次中值滤波方法提高图像质量（图7.25）。分割结果如图7.26所示。

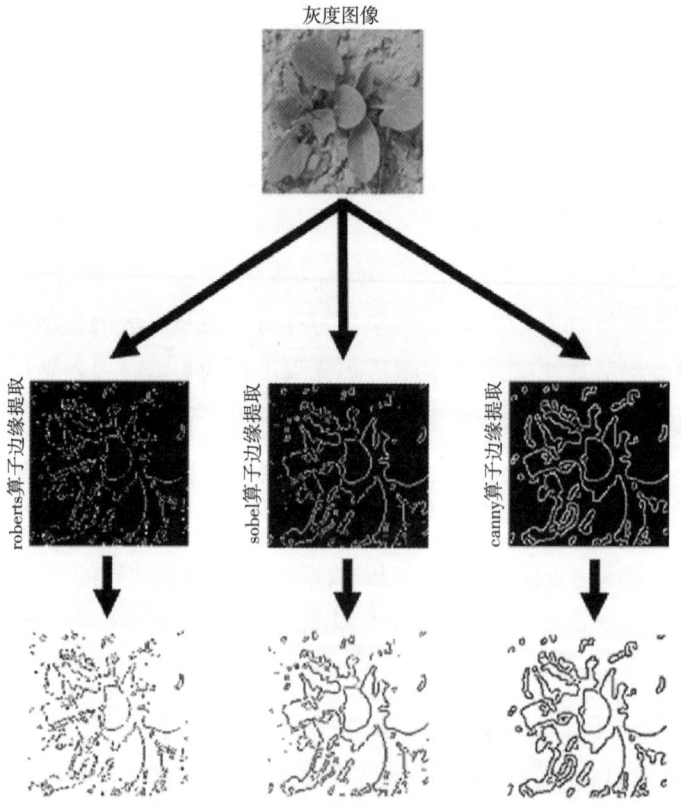

图7.25 杂草边缘提取的结果

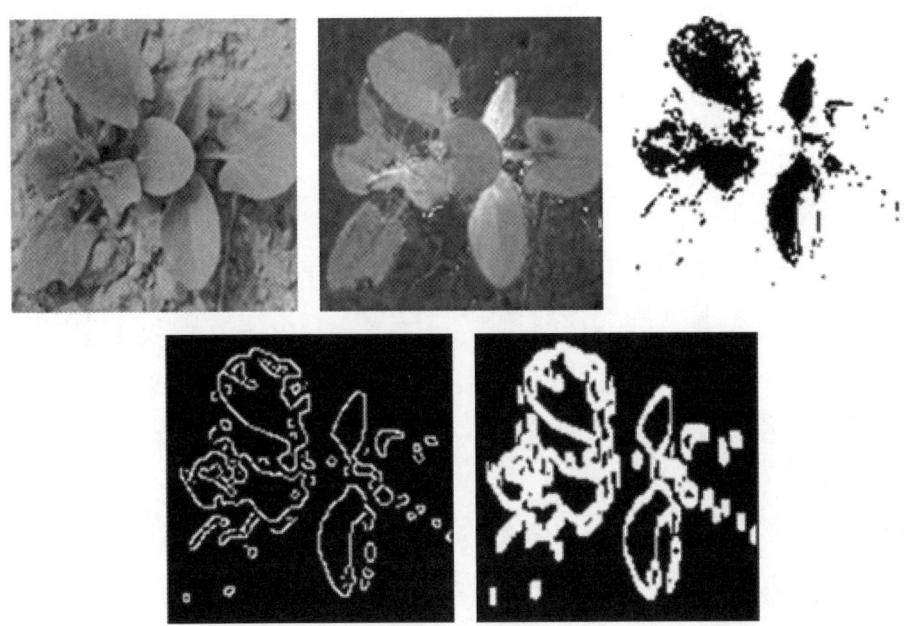

图7.26 分割结果

（三）麦田杂草图像纹理特征提取

利用计算机视觉技术实现变量喷洒不仅要将杂草从背景中（主要包括土壤、作物残渣等）识别出来，还要识别出杂草、作物及杂草的种类，以便针对不同的杂草施以不同的除草剂。

纹理是由纹理基元排列组合而成的，纹理特征是一种不依赖于颜色或亮度的反映图像中同质现象的视觉特征，是所有物体表面都具有的内在特性，以作为人们识别这些物体的主要依据。不同杂草与作物具有不同的纹理特征，例如，稗草具有平行的叶脉，而杂草藜却具有像树枝结构的叶脉。纹理特征可以更好地描述各像素及其邻近像素的灰度分布情况，应该是杂草图像更有效的分类特征。

杂草和作物是在自然状态下生长的植物，这种自然纹理并不存在规则的、易分解的基元，也很难确定其方向。从各方面综合考虑，对于这样的不规则纹理更适合利用统计方法进行分析，选用灰度共生矩阵及其统计量进行杂草图像纹理特征的提取。图像的灰度共生矩阵反映了图像灰度关于方向、相邻间隔、变化幅度的综合信息，是分析图像局部模式结构及其排列规则的基础。从灰度矩阵中，提取角二阶距、对比度、熵、相关、逆差距五个数字参数作为杂草图像纹理分析的特征量。

如何设定恰当的纹理特征参数进行纹理分析，在杂草识别系统中对灰度级N、纹理方向、计算步长和灰度体的选择至关重要，直接影响分类的结果（图7.27）。

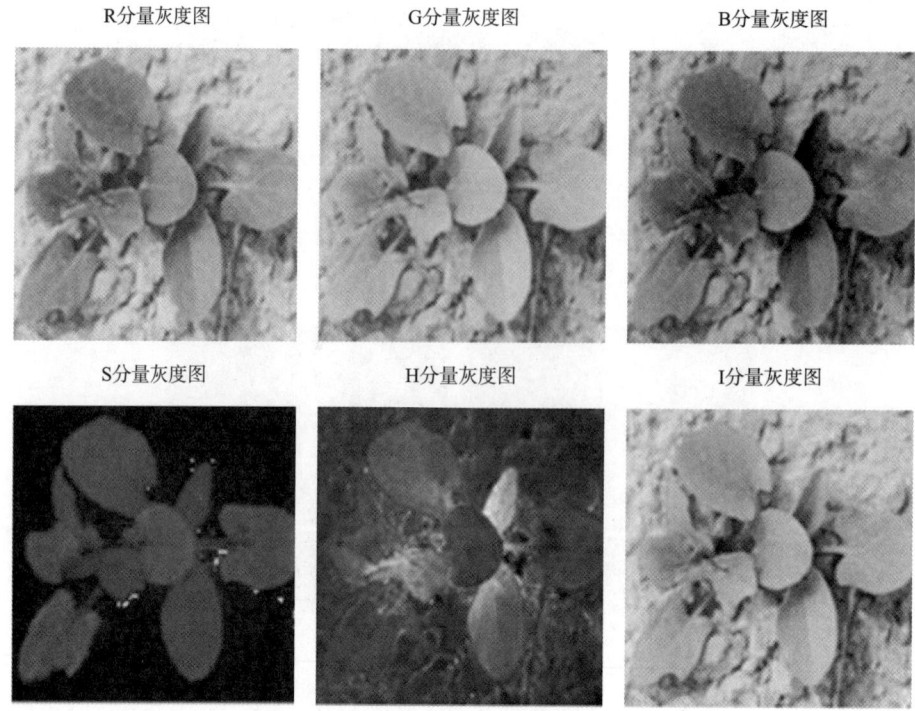

图7.27 灰度图像

二、基于K-means聚类算法的图像区域分割

（一）案例背景

图像分割就是把图像分成各具特性的区域并提取感兴趣目标的技术和过程，是目标检测和模式识别的基础。现有的图像分割方法主要包括基于阈值的分割方法、基于区域的分割方法、基于边缘的分割方法、基于特定理论的分割方法等。

聚类分析是一种无监督的学习方法，能够从研究对象的特征数据中发现关联规则，因而是一种强大有力的信息处理方法。聚类算法进行图像分割就是将图像空间中的像素点用对应的特征向量表示，根据它们在特征空间的特征相似性，对特征空间进行分割，然后将其映射回原图像空间，得到分割结果。其中，K均值和模糊C均值聚类（FCM）算法是常用的聚类算法。

（二）K-means聚类算法原理

K-means聚类算法首先从数据样本中选取K个点作为初始聚类中心；其次计算各个样本到聚类的距离，把样本归到离它最近的那个聚类中心所在的类；然后计算新形成的每个聚类的数据对象的平均值来得到新的聚类中心；最后重复以上步骤，直到相邻两次的聚类中心没有任何变化，说明样本调整结束，聚类准则函数达到最优。图7.28为

K-means聚类算法流程。

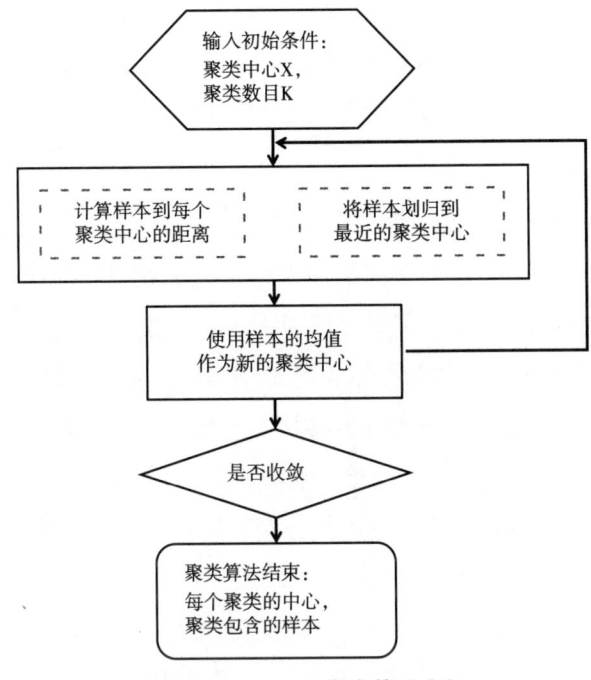

图7.28　K-means聚类算法流程

（三）K-means聚类算法的缺点

K-means聚类算法是解决聚类问题的一种经典算法，简单、快速，该算法对于处理大数据集是相对可伸缩和高效率的，结果类是密集的，而类与类之间区别明显时，其效果较好。但是K-means聚类算法由于其算法的局限性也存在以下缺点。

K-means需要给定初始聚类中心来确定一个初始划分，另外对于不同的初始聚类中心，可能会导致不同的结果。可以通过对样本进行数理统计来获取优化的初始聚类中心，另外通过引入加权欧氏距离来度量样本之间的相关性，从而实现彩色图像的快速、准确分割。

K-means必须事先给定聚类数目，然而聚类个数K值往往是难以估计的。前人提出了一种自动确定聚类数目K和初始聚类中心的方法。另外也可以通过类的自动合并和分裂，得到合理的聚类数目K，如ISODATA算法在迭代过程中可将一个类一分为二，也可将两个类合二为一，即"自组织"，这种算法具有启发式的特点。

K-means对于噪声和孤立点很敏感，少量的该类数据能够对平均值产生极大的影响。改进的K-center算法不采用簇中的平均值作为参照点，可以选用类中位置最中心的对象，即中心点作为参照点，从而解决K-means算法对于孤立点敏感的问题。

K-means在类的平均值被定义的情况下才能使用，这对于处理符号属性的数据不适用，如姓名、性别、学校等。K-modes算法实现了对离散数据的快速聚类，可处理具有分类属性等类型的数据。它采用差异度D来代替K-means算法中的距离，差异度越小，则表示距离越小。一个样本和一个聚类中心的差异度就是它们各个属性不相同的个数，属性相同为0，不同为1，并计算1的总和，因此，D越大两者之间的不相关程度越强。

（四）基于K-means图像分割

K-means聚类算法简捷，具有很强的搜索力，适合处理数据量大的情况，在数据挖掘和图像处理领域中得到了广泛的应用。采用K-means聚类算法进行图像分割，将图像的每个像素点的灰度或者RGB作为样本（特征向量），整个图像构成了一个样本集合（特征向量空间），从而把图像分割任务转换为对数据集合的聚类任务。随后，在此特征空间中运用K-means聚类算法进行图像区域分割，最后抽取图像区域的特征。

例如，对512×256×3的彩色图像进行分割，则将每个像素点的RGB值作为一个样本，最后将图像数组转换成（512×256）×3 = 131 072×3样本集合矩阵，矩阵中每行表示一个样本（像素点的RGB），总共包含131 072个样本，矩阵中的每列表示一个变量。从图像中选择几个典型的像素点，将其RGB作为初始聚类中心，根据图像上每个像素点RGB值之间的相似性，调用K-means进行聚类分割。

采用K-means聚类分析处理复杂图像时，如果单纯使用像素点的RGB值作为特征向量，然后构成特征向量空间，则算法鲁棒性往往比较脆弱。一般情况下，需要将图像转换到合适的彩色空间（如Lab或HSL等），然后抽取像素点的颜色、纹理和位置等特征，形成特征向量。

（五）程序实现

1. 样本之间的聚类

距离是样本间相似性的度量，最常用的是Euclidean距离。sampledist（）函数支持欧氏距离和城市距离。

2. 提取特征向量

像素点特征向量包括颜色、距离和纹理等信息，本案例只是简化地采用图像的RGB值作为像素点的特征向量，但是exactvector（）函数预留了其他特征数据的接口。

3. 图像聚类分割

图像K-means均值分割首先提取像素点特征向量exactvector（），然后搜索初始聚类中心searchintial（），最后执行K-means核心算法。

使用imkmeans（）函数对图像进行K-means聚类分割，其效果如图7.29所示。

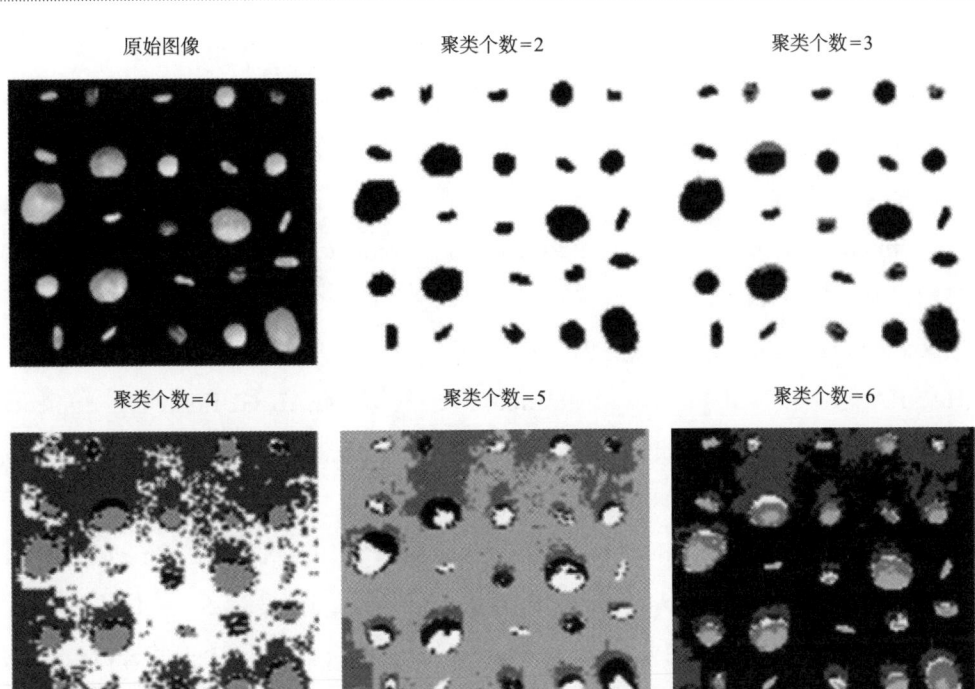

图7.29 不同聚类数目的K-means分割效果对比

传统的K-means算法在图像分割中只与特征向量有关,从而忽略了像素间的空间位置关系,因而分割模型是不完整的。

课后习题

1. 变量的赋值要遵循哪些规则?
2. 系统提供了哪几种特殊矩阵?
3. 通常数字图像分析要遵循哪几个流程?
4. 图像的几何变换用什么参数实现?
5. 试述K-means聚类算法有哪些缺点?

参考文献

ABU-FARAJ M M, ZUBI M, 2020. Analysis and implementation of kidney stones detection by applying segmentation techniques on computerized tomography scans[J]. Italian journal of pure and applied mathematics, 43: 590-602.

ALAMOUDI A O, ABDALLAH Y M Y, Segmentation of myocardium tissues using assembly and color analysis methods[J]. Current medical imaging, 14(4): 551-554.

BEDDAD B, HACHEMI K, VAIDYANATHAN S, 2018. Development and optimisation of image segmentation algorithm on an embedded DSP-platform[J]. International journal of computer applications in technology, 58(3): 250-258.

CAI Y X, XU Y Y, ZHANG T R, et al., 2020. Threshold image target segmentation technology based on intelligent algorithms[J]. Computer optics, 44(1): 137-141.

HAGARA M, KUBINEC P, 2018. About edge detection in digital images[J]. Radioengineering, 27(4): 919-929.

HANHAN I, SANGID M D, 2019. ModLayer: a MATLAB GUI drawing segmentation tool for visualizing and classifying 3D data[J]. Integrating materials and manufacturing innovation, 8(4): 468-475.

HANNUNA S, CAMPLANI M, HALL J, et al., 2019. DS-KCF: a real-time tracker for RGB-D data[J]. Journal of real-time image processing, 16(5): 1439-1458.

JAIN N, KUMAR V, 2017. Liver ultrasound image segmentation using region-difference filters[J]. Journal of digital imaging, 30(3): 376-390.

KHAN A U M, TORELLI A, WOLF I, et al., 2018. AutoCellSeg: robust automatic colony forming unit (CFU) / cell analysis using adaptive image segmentation and easy-to-use post-editing techniques[J]. Scientific reports, 8: 7302.

KUMAR S N, FRED A L, VARGHESE P S, 2020. An overview of segmentation algorithms for the analysis of anomalies on medical images[J]. Journal of intelligent systems, 29(1): 612-625.

MANJU V N, FRED A L, 2018. AC coefficient and K-means cuckoo optimisation algorithm-based segmentation and compression of compound images[J]. Iet image processing, 12(2): 218-225.

NAYAK K, SUPREETHA B S, BENACHOUR P, et al., 2021. Brain tumour detection and classification using hybrid neural network classifier[J]. International journal of biomedical engineering and technology, 35(2): 152-172.

PERIS F G, MONCHO S M, DEFEZ G B, 2020. Segmentation methods for acne vulgaris images: Proposal of a new methodology applied to fluorescence images[J]. Skin research and technology, 26(5): 734-739.

RAUMONEN P, TARVAINEN T, 2018. Segmentation of vessel structures from photoacoustic images with reliability assessment[J]. Biomedical optics express, 9(7): 2887-2904.

SINDUJA A, SURULIANDI A, 2018. Block-based trichannel hybrid segmentation of images for foreground extraction[J]. Sadhana-academy proceedings in engineering sciences, 43(11): 189.

SIQUEIRA A F, CABRERA F C, NAKASUGA W M, et al., 2018. Jansen-MIDAS: a multi-level photomicrograph segmentation software based on isotropic undecimated wavelets[J]. Microscopy research and technique, 81(1): 22-32.

TAKKO H, PAJANOJA C, KURTZEBORN K, et al., 2020. ShapeMetrics: a user-friendly pipeline for 3D cell segmentation and spatial tissue analysis[J]. Developmental biology, 462(1): 7-19.

第八章 其他农业数据分析方法

第一节 软件介绍

一、Python介绍

Python是一个高层次的结合了解释性、编译性、互动性和面向对象的脚本语言。其设计具有很强的可读性，相比其他语言经常使用英文关键字，其他语言的一些标点符号，它具有比其他语言更有特色的语法结构。Python开发过程中没有了编译这个环节，可以在一个Python提示符>>>后直接执行代码，交互性强，适合初学者；并且支持多种应用程序的开发，可以从简单的文字处理到浏览器网页制作，再到游戏制作。

Python是由吉多·范罗苏姆在20世纪80年代末和90年代初，在荷兰国家数学和计算机科学研究所设计出来的。本身也是由诸多其他语言发展而来的，包括ABC、Modula-3、C、C++、Algol-68、SmallTalk、Unix shell和其他的脚本语言等。像Perl语言一样，源代码同样遵循GPL（GNU General Public License）协议。现在Python2.7被确定为最后一个Python2.x版本，它除了支持Python2.x语法外，还支持部分Python3.1语法。

Python的特点如下。

1. 易于学习

Python的关键字相对较少，结构简单有明确定义的语法，学习起来更加简单。

2. 易于阅读

Python代码定义的更清晰。

3. 易于维护

Python的成功在于它的源代码是相当容易维护的。

4. 一个广泛的标准库

Python的最大的优势之一是丰富的库，并且是跨平台的，在UNIX、Windows和

Macintosh兼容很好。

5. 互动模式

通过互动模式，用户可以从终端输入执行代码并获得结果的语言，进行代码片段的测试和调试。

6. 可移植

基于其开放源代码的特性，Python已经被移植（也就是使其工作）到许多平台。

7. 可扩展

如果需要一段运行很快的关键代码，或者是想要编写一些不愿公开的算法，用户可以使用C或C++完成那部分程序，然后从Python程序中调用。

8. 数据库

Python提供所有主要的商业数据库的接口。

9. GUI编程

Python支持GUI，可以创建和移植到许多系统调用。

10. 可嵌入

可以将Python嵌入C或C++程序，使程序的用户获得"脚本化"的能力。

二、Arcgis介绍

ArcGIS是一个全面的系统，用户可用其来收集、组织、管理、分析、交流和发布地理信息。作为世界领先的地理信息系统（GIS）构建和应用平台，ArcGIS可供全世界的人们将地理知识应用到政府、企业、科技、教育和媒体领域。ArcGIS可以发布地理信息，以便所有人都可以访问和使用。本系统可以在任何地点通过web浏览器、移动设备（例如智能手机和台式计算机）来使用。

ArcGIS系统是一个绘制地图和地理信息的基础架构，这些地图和地理信息可以用于部门内部、整个企业、多个不同组织之间和用户社区以及外部网络，可供所有人访问。例如，使用移动设备的工作人员可以在野外实时更新测量数据，与此同时，专家们可以使用台式计算机分析这些信息，规划人员可以通过基于web的应用程序对分析结果进行影响评估。最终，项目所产生的地图和数据可以发布到web，以便任何人都可以通过web浏览器、智能手机和平板电脑上的应用程序进行访问。这样人们不仅可以查看项目的结果，还可以将这些数据与其他可用数据合并以创建更多的地图，以全新的方式应用地理信息。

ArcGIS可以创建、共享和使用智能地图，编译地理信息，创建和管理地理数据库，使用空间分析解决问题，创建基于地图的应用程序，使用地理和可视化功能交流和共享信息。

通常所说的ArcPy是指ArcMap或者ArcGIS Pro提供的Python包。

广义的ArcPy应该是跨ArcGIS平台的，比如在ArcGIS Enterprise中，ArcPy主要是通过Python来管理Data store和发布服务的，是对ArcGIS REST API在服务端管理员操作的一个补充。

在ArcGIS Notebooks中，也可以使用ArcPy做一些地理数据分析、转换和管理的任务。

关于ArcGIS Python库，除了ArcPy，还包括ArcGIS API for Python，ArcPy为用户提供了使用Python语言操作所有地理处理工具（包括扩展模块）的接口，并提供了多种有用的函数和类，用于处理和查询GIS数据。

使用ArcPy来编写的ArcGIS应用程序和脚本有两个优势，一是可以很方便地访问并使用大量的Python模块，并与ArcGIS系统集成；二是Python是一种通用的编程语言，易于学习和使用，通过这一解释和动态型编程语言，可以在交互式环境中快速创建脚本原型并进行测试。

第二节 常用数据介绍

一、NetCDF数据介绍

NetCDF（Network Common Data Form）网络通用数据格式是由美国大学大气研究协会（University Corporation for Atmospheric Research，UCAR）的Unidata项目科学家针对科学数据的特点开发的，是一种面向数组型并适于网络共享的数据的描述和编码标准。NetCDF广泛应用于大气科学、水文、海洋学、环境模拟、地球物理等诸多领域。用户可以借助多种方式方便地管理和操作NetCDF数据集。从数学上来说，NetCDF存储的数据就是一个多自变量的单值函数。用公式来说就是$f(x, y, z, \cdots)$ = value，函数的自变量x、y、z等在NetCDF中叫作维（Dimension）或坐标轴（Axis），函数值value在NetCDF中叫作变量（Variables）。而自变量和函数值在物理学上的一些性质，比如计量单位（量纲）、物理学名称等在NetCDF中就叫属性（Attributes）。

二、Shapefile数据介绍

Shape文件由ESRI开发，一个ESRI（Environmental Systems Research Institute）

的Shape文件包括一个主文件、一个索引文件和一个dBASE表。其中主文件的后缀就是.shp。ESRI Shapefile（shp），简称Shapefile，是美国环境系统研究所（ESRI）开发的一种空间数据开放格式。

Shapefile用于描述几何体对象：点、折线与多边形。例如，Shapefile可以存储井、河流、湖泊等空间对象的几何位置。除了几何位置，Shapefile也可以存储这些空间对象的属性，例如一条河流的名字、一个城市的温度等。

Shapefile属于一种矢量图形格式，它能够保存几何图形的位置及相关属性。但这种格式无法存储地理数据的拓扑信息。Shapefile在20世纪90年代初的ArcView GIS的第二个版本被首次应用。目前，许多自由的程序或商业的程序都可以读取Shapefile。

Shapefile是一种比较原始的矢量数据存储方式，只能存储几何体的位置数据，而无法在一个文件中同时存储这些几何体的属性数据。因此，Shapefile还必须附带一个二维表用于存储Shapefile中每个几何体的属性信息。Shapefile中许多几何体能够代表复杂的地理事物，并为他们提供强大而精确的计算能力。

Shapefile指的是一种文件存储的方法，实际上该种文件格式是由多个文件组成的。其中，要组成一个Shapefile，有三个文件是必不可少的，它们分别是".shp"".shx"与".dbf"文件。表示同一数据的一组文件其文件名前缀应该相同。例如，存储一个关于湖的几何与属性数据，就必须有lake.shp、lake.shx与lake.dbf三个文件。而其中"真正"的Shapefile的后缀为".shp"，然而仅有这个文件数据是不完整的，必须把其他两个附带上才能构成一组完整的地理数据。除了这三个必须文件以外，还有八个可选的文件，使用它们可以增强空间数据的表达能力。尽管现在许多新的程序都能够支持长文件名，所有的文件名都必须遵循MS DOS的8.3文件名标准（文件前缀名八个字符，后缀名三个字符，如Shapefil.shp），以方便与一些老的应用程序保持兼容性。此外，所有的文件都必须位于同一个目录之中。

必需文件：

①.shp图形格式，用于保存元素的几何实体。

②.shx图形索引格式。几何体位置索引，记录每一个几何体在Shapefile中的位置，能够加快向前或向后搜索一个几何体的效率。

③.dbf属性数据格式，以dBase IV的数据表格式存储每个几何形状的属性数据。

其他可选的文件：

①.prj投帧式，用于保存地理坐标系统与投影信息，是一个存储well-known text投影描述符的文本文件。

②.sbnand.sbx几何体的空间索引。

③.fbnand.fbx只读的Shapefiles的几何体的空间索引。

④.ainand.aih列表中活动字段的属性索引。

⑤.ixs可读写Shapefile文件的地理编码索引。

⑥.mxs可读写Shapefile文件的地理编码索引（ODB格式）。

⑦.atx、.dbf文件的属性索引，其文件名格式为Shapefile.columnname.atx（ArcGIS8及之后的版本）。

⑧.shp.xml以XML格式保存元数据。

⑨.cpg用于描述.dbf文件的代码页，指明其使用的字符编码。

在每个.shp、.shx与.dbf文件中，图形在每个文件的排序是一致的。也就是说，.shp的第一条记录与.shx及.dbf之中的第一条记录相对应，如此类推。此外，在.shp与.shx中，有许多字段的字节序是不一样的。因此，用户在编写读取这些文件格式的程序时，必须十分小心地处理不同文件的不同字节序。

Shapefile通常以X与Y的方式来处理地理坐标，一般X对应经度，Y对应纬度，用户必须注意X、Y的顺序。

第三节　实践案例

NetCDF文件后缀为.nc，文件中的数据结构包含维（Dimensions）、变量（Variables）和属性（Attributes）三种描述类型。

利用Python读取nc数据需要安装GDAL库，简单地说，GDAL是一个操作各种栅格地理数据格式的库，包括读取、写入、转换、处理各种栅格数据格式（有些特定的格式对一些操作如写入等不支持）。它使用了一个单一的抽象数据模型就支持了大多数的栅格数据首先安装相关库，包括os模块是Python中整理文件和目录最为常用的模块，该模块提供了非常丰富的方法用来处理文件和目录。GDAL原生支持超过100种栅格数据类型，涵盖所有主流GIS与RS数据格式，包括ArcInfo grids、ArcSDE raster、Imagine、Idrisi、ENVI、GRASS、GeoTIFF、HDF4、HDF5、USGS DOQ、USGS DEM、ECW、MrSID、TIFF、JPEG、JPEG2000、PNG、GIF、BMP。

一、读取NetCDF数据按照不同需求输出NetCDF数据

(一) NetCDF4库

nc文件是农业领域非常常见的数据格式,广泛应用在气象、土壤等农业数据的传播中。不过其实这个数据的具体格式对很多人来说依然是个未知数,就像一个黑匣子一样。究其原因,很大程度上是因为nc文件相比一般的二进制文件、文本文件,包含了除了数据本身之外的维度、属性等信息,想要读取nc文件,必须调用专门的函数进行解码、识别。而这一操作是相当麻烦的。Python提供的NetCDF4库,是专门用来对nc数据进行解析、读取、分析、处理。

读取nc文件的步骤。

```
#导入NetCDF4库,导入os库
import netCDF4 as nc
import os
#读取目标文件夹下所有文件名称
path=r'L:\nc-20220413\input'
file_name=os.listdir(path)
#利用Dataset函数读取nc文件
file_path=path+"\\"+file_name[00]
f=nc.Dataset(file_path,'r')
#.variables.keys函数可以查看到所有变量的名字
all_vars=f.variables.keys()
#输出结果,nc文件中包含如下变量。
Out: odict_keys(['time','anom','err','ice','lat',
'lon','sst','zlev'])
#直接输出f,可以查看nc文件属性,包括文件下载的地址、坐标范围等信息
Out:
<class 'netCDF4._netCDF4.Dataset'>
root group (NETCDF4 data model, file format HDF5):
    source: ICOADS, NCEP_GTS, GSFC_ICE, NCEP_ICE, Pathfinder_AVHRR, Navy_AVHRR
    naming_authority: gov.noaa.ncei
    cdm_data_type: Grid
    date_modified: 2020-02-11T16:01:00Z
```

智能农业数据综合分析与实践

```
        date_created: 2020-02-11T16: 01: 00Z
        processing_level: NOAA Level 4
        institution: NOAA/National Centers for Environmental Information
        creator_url: https://www.ncei.noaa.gov/
        creator_email: oisst-help@noaa.gov
        keywords: Earth Science > Oceans > Ocean Temperature > Sea Surface Temperature
        keywords_vocabulary: Global Change Master Directory（GCMD）Earth Science Keywords
        platform_vocabulary: Global Change Master Directory（GCMD）Platform Keywords
        instrument: Earth Remote Sensing Instruments > Passive Remote Sensing > Spectrometers/Radiometers > Imaging Spectrometers/Radiometers > AVHRR > Advanced Very High Resolution Radiometer
        instrument_vocabulary: Global Change Master Directory（GCMD）Instrument Keywords
        standard_name_vocabulary: CF Standard Name Table（v40, 25 January 2017）
        geospatial_lat_min: -90.0
        geospatial_lat_max: 90.0
        geospatial_lon_min: 0.0
        geospatial_lon_max: 360.0
        geospatial_lat_units: degrees_north
        geospatial_lat_resolution: 0.25
        geospatial_lon_units: degrees_east
        geospatial_lon_resolution: 0.25
        time_coverage_start: 2020-01-01T00: 00: 00Z
        time_coverage_end: 2020-01-01T23: 59: 59Z
        ncei_template_version: NCEI_NetCDF_Grid_Template_v2.0
        Conventions: CF-1.6, ACDD-1.3
        history: Final file created using preliminary as first guess, and 3 days of AVHRR data. Preliminary uses only 1 day of AVHRR data.
        metadata_link: https://doi.org/10.25921/RE9P-PT57
```

sensor: Thermometer, AVHRR

title: NOAA/NCEI 1/4 Degree Daily Optimum Interpolation Sea Surface Temperature (OISST) Analysis, Version 2.1-Final

references: Reynolds, et al. (2007) Daily High-Resolution-Blended Analyses for Sea Surface Temperature (available at https://doi.org/10.1175/2007JCLI1824.1). Banzon, et al. (2016) A long-term record of blended satellite and in situ sea-surface temperature for climate monitoring, modeling and environmental studies (available at https://doi.org/10.5194/essd-8-165-2016). Huang et al. (2020) Improvements of the Daily Optimum Interpolation Sea Surface Temperature (DOISST) Version v02r01, submitted.Climatology is based on 1971-2000 OI. v2 SST. Satellite data: Pathfinder AVHRR SST and Navy AVHRR SST. Ice data: NCEP Ice and GSFC Ice.

summary: NOAAs 1/4-degree Daily Optimum Interpolation Sea Surface Temperature (OISST) (sometimes referred to as Reynolds SST, which however also refers to earlier products at different resolution), currently available as version v02r01, is created by interpolating and extrapolating SST observations from different sources, resulting in a smoothed complete field. The sources of data are satellite (AVHRR) and in situ platforms (i.e., ships and buoys), and the specific datasets employed may change over time. At the marginal ice zone, sea ice concentrations are used to generate proxy SSTs. A preliminary version of this file is produced in near-real time (1-day latency), and then replaced with a final version after 2 weeks. Note that this is the AVHRR-ONLY DOISST, available from Oct 1981, but there is a companion DOISST product that includes microwave satellite data, available from June 2002

product_version: Version v02r01

platform: Ships, buoys, Argo floats, MetOp-A, MetOp-B

comment: Data was converted from NetCDF-3 to NetCDF-4 format with metadata updates in November 2017.

id: oisst-avhrr-v02r01.20200101.nc

dimensions (sizes): time (1), zlev (1), lat (720), lon (1440)

```
    variables（dimensions）：float64 time（time）, int16 anom（time,
zlev, lat, lon）, int16 err（time, zlev, lat, lon）, int16 ice（time,
zlev, lat, lon）, float32 lat（lat）, float32 lon（lon）, int16 sst
（time, zlev, lat, lon）, float32 zlev（zlev）
    groups:

#使用variables函数来读取文件的变量
sst=f.variables['sst'][:]
var_lat=f.variables['lat'][:]
var_lon=f.variables['lon'][:]

#使用.shape查看变量的维数
sst.shape
Out[12]：（1, 1, 720, 1440）
```

（二）输出成txt、csv格式

将数据输出成二维矩阵，首先进行数据格式的处理，将四维矩阵转化为二维。

```
sst_b=np.reshape（sst,（720, 1440））
print（sst_b.shape）
#将矩阵以%d格式，并以","做分隔符保存到test.txt或者test.csv文件中
np.savetxt（r'test_0419.csv', sst_b, fmt='%d', delimiter=','）
```

（三）输出成tif格式

由于nc文件不方便直接导入其他专业软件进行处理，因此，很多时候将其转换为tif格式，会很大程度地方便使用。

首先需要导入相关的库。

```
import netCDF4 as nc
import numpy as np
import numpy as numpy
import gdal
import osr
import os
```

```
path=r'L: \book\chapter 8 code\code-8-2\input'
#读取数据
data=nc.Dataset（path）
#查看变量
variables=data.variables
#获取经纬度
var_lon=variables['lon'][:]
var_lat=variables['lat'][:]
#获取影像左下角和右下角坐标
lonmin, latmax, lonmax, latmin=（var_lon.min（）, var_lat.max（）,
var_lon.max（）, var_lat.min（））
#计算分辨率
len_lat=len（var_lat）
len_lon=len（var_lon）
lon_res=（lonmax-lonmin）/（len_lon-1.0）
lat_res=（latmax-latmin）/（len_lat-1.0）
#获取数据
pet=variables['pet']
driver=gdal.GetDriverByName（'GTiff'）
out_path=r'E: \nc-20220401\out_tif.tif'
#将数据整理成为二维数据
tif_data=np.reshape（pet[1, :, :],（5146, 7849））
#创建框架
out_tif=driver.Create（out_path, len_lon, len_lat, 1, gdal.GDT_Float32）
#设置影像显示范围
geotransfor=（lonmin, lon_res, 0, latmax, 0, -lat_res）#-latres < 0
out_tif.SetGeoTransform（geotransfor）
#获取地理坐标系统信息
srs=osr.SpatialReference（）
srs.ImportFromEPSG（4326）
#定义输出的坐标系为"WGS 84", AUTHORITY["EPSG", "4326"]
out_tif.SetProjection（srs.ExportToWkt（））
```

```
#赋予投影信息
#tif_data.astype（float）
#数据写出
out_tif.GetRasterBand（1）.WriteArray（tif_data）
out_tif.FlushCache（）
out_tif=None
```

二、对nc数据进行提取

（一）对目标点数据进行提取

path是要读取的nc文件的路径，利用nc.Dataset函数对nc文件进行读取，选择自己感兴趣的变量，site是要提取的点的经纬度坐标，给出的例子是五个站点，可以自行添加站点数量，pixel_matrix是建立一个空的矩阵用来存放提取的数据，需要根据数据情况进行预设。计算目标点所在的行列数，并使用np.vstack函数对提取到的数据进行整理，最后用np.savetxt函数导出，可以选择导出为txt或者csv格式。

```
import numpy as np
import netCDF4 as nc
from osgeo import gdal, osr
import os

path=r'L:\book\chapter 8 code\code-8-2\input\CN_pet_2000.nc'
f=nc.Dataset（path,'r'）
all_vars=f.variables.keys（）
pet=f.variables['pet'][:]
var_lat=f.variables['lat'][:]
var_lon=f.variables['lon'][:]

site=[[112.3, 36.5],
      [113.3, 34.5],
      [110.3, 35.5],
      [102.3, 37.5]]
pixel_matrix=[0]*12
for s in range（1, 5）:
```

```
        lon_list=abs（var_lon-site[s-1][0]）
        lat_list=abs（var_lat-site[s-1][1]）
        rlat=np.argmin（lat_list）
        rlon=np.argmin（lon_list）
        pixel_value=pet[：，rlat，rlon]
        pixel_matrix=np.vstack（(pixel_matrix, pixel_value.data)）
#将矩阵以%d格式，并以"，"做分隔符保存到test.txt文件中
np.savetxt（r'site_matrix.csv', pixel_matrix, fmt='%d',
delimiter='，'）
```

（二）按照shp文件进行裁剪

需要读入tif文件路径、shp文件的路径，以及指定tif裁剪后的保存路径，使用gdal包里面的函数gdal.Open来打开tif文件，使用gdal.Warp函数进行图像的裁剪。

```
from osgeo import gdal
import os

#输出文件的路径
out_raster=r'E：\nc-20220401\out_sheng.tif'

#输入的shp文件路径
in_shape=r"L：\nc-20220408\2_province_shp_split\prov_620000.shp"
#输入的tif影像路径
    in_raster_path="E：\nc-20220401\out_tiff.tif"
    #读取tif影像
in_raster=gdal.Open（in_raster_path）
#进行裁剪
ds=gdal.Warp（out_raster,
    in_raster,
    format='GTiff',
    cutlineDSName=in_shape,
    #cutlineWhere="FIELD='whatever'", #clip specific feature
    dstNodata=0）
```

三、基于ArcPy的nc数据处理

使用ArcPy要进行ArcPy的配置。首先安装好ArcGIS，其次在ArcGIS安装目录下找到一个Python的终端IDLE（Python GUI），确保这个终端可以正常工作，正常安装库，该终端可以直接运行Python代码。如果想要在编译器中进行ArcPy的运行，需要进行配置。

（一）栅格建立和批量拼接

利用Python语言ArcPy等模块，实现栅格图层建立与多幅遥感影像数据批量拼接（Mosaic）的操作。

```
import os
import arcpy
file_path= "G: /Postgraduate/LAI_Glass_RTlab/A2018161_Dif/DRT/"
out_file_path= "G: /Postgraduate/LAI_Glass_RTlab/A2018161_Dif/DRT/"
out_file_name= "Global.tif"
file_name_list=os.listdir（file_path）
tif_file_path=file_path+file_name_list[0]
cell_size_x = arcpy.GetRasterProperties_management（tif_file_path, "CELLSIZEX"）
cell_size=cell_size_x.getOutput（0）
value_type = arcpy.GetRasterProperties_management（tif_file_path, "VALUETYPE"）
describe=arcpy.Describe（tif_file_path）
spatial_reference=describe.spatialReference

arcpy.CreateRasterDataset_management（out_file_path, out_file_name, cell_size, "16_BIT_SIGNED", spatial_reference, "1"）

out_file=out_file_path+out_file_name
for file in file_name_list:
    file_path_nam e=file_path+file
    print（file_path_name）
    arcpy.Mosaic_management（[file_path_name], out_file）
```

其中，file_path为存放有多景初始遥感影像的路径格式为.tif栅格文件（如果不是.tif格式，例如.hdf等文件，需首先进行文件格式的转换）；out_file_path为拼接后所得结果栅格图层的存放路径；out_file_name为拼接后所得结果栅格图层的文件名称，其可选格式有很多，如图8.1所示。

- **.bil** for Esri BIL
- **.bip** for Esri BIP
- **.bmp** for BMP
- **.bsq** for Esri BSQ
- **.dat** for ENVI DAT
- **.gif** for GIF
- **.img** for ERDAS IMAGINE
- **.jpg** for JPEG
- **.jp2** for JPEG 2000
- **.png** for PNG
- **.tif** for TIFF
- No extension for Esri Grid

图8.1　栅格图层格式

在这里，默认所得拼接结果图层为一个（也就是file_path文件夹中全部的待处理遥感影像最终全拼接在一起）；如果需要使得拼接结果图层是多幅（也就是file_path文件夹中待处理遥感影像依据区域、时间等分为很多不同的部分，每一部分拼接在一起）。

随后，通过os.listdir（）函数获取file_path路径下的栅格文件，并存储于file_name_list列表中。

接下来需要创建一个新的栅格图层。之所以要进行这一步骤，是因为后期选择用arcpy.Mosaic_management（）函数进行栅格的批量拼接，因此，需要首先创建一个新的、空的栅格图层作为拼接的基准。如果不是批量拼接栅格数据，而是单纯想利用ArcPy进行新栅格的创建，那就只看这一部分的代码即可。

在这里，用file_path路径下的第一个栅格数据（下称"第一栅格"）作为新栅格图层中各项属性（例如像素边长、像素数据格式等）的依据。首先，arcpy.GetRasterProperties_management（）函数获取第一栅格的像素x边边长；因为一般栅格数据中像素都是正方形，因此，通过cell_size=cell_size_x.getOutput（0）将第一栅格的像素x边边长作为新栅格图层像素x边与y边两者的边长。再利用arcpy.GetRasterProperties_management（）函数获取第一栅格的数据格式；最后利用中间变量describe获取第一栅格的空间参考信息。

完成以上步骤后，将已获取的第一栅格的各类信息通过函数arcpy. Create Raster Dataset_management（ ）带入新栅格中。在这里需要注意：尽可能在将要拼接时选择新栅格为“16_BIT_SIGNED”及以下的数据格式，具体数据格式类别如图8.2所示，并且将file_path路径下待拼接的栅格数据的数据格式也全部修改为这一格式；否则可能会由于数据量大而导致拼接过程极慢。如果栅格像素数据包含小数，可以通过乘上一个缩放系数的方式进行数据整数化。

Pixel Type	The bit-depth (radiometric resolution) of the output raster dataset. If this is not specified, your raster dataset will be created with a default pixel type of 8-bit unsigned integer. • 1 bit – A 1-bit unsigned integer. The values can be 0 or 1. • 2 bit – A 2-bit unsigned integer. The values supported can b from 0 to 3. • 4 bit – A 4-bit unsigned integer. The values supported can b from 0 to 15. • 8 bit unsigned – An unsigned 8-bit data type. The values supported can be from 0 to 255. • 8 bit signed – A signed 8-bit data type. The values supporte can be from -128 to 127. • 16 bit unsigned – A 16-bit unsigned data type. The values can range from 0 to 65,535. • 16 bit signed – A 16-bit signed data type. The values can range from -32,768 to 32,767. • 32 bit unsigned – A 32-bit unsigned data type. The values can range from 0 to 4,294,967,295. • 32 bit signed – A 32-bit signed data type. The values can range from -2,147,483,648 to 2,147,483,647. • 32 bit float – A 32-bit data type supporting decimals. • 64 bit – A 64-bit data type supporting decimals.

图8.2　数据格式类别

代码最后的一个for循环，就是遍历file_name_list中的各个栅格数据，并通过ArcPy. Mosaic_management（ ）函数加以拼接即可。

（二）nc数据转化为tif数据

很多时候需要将nc数据转化为tif格式数据，方便进一步操作。在ArcPy中，ArcPy. MakeNetCDFRasterLayer_md可以读取nc文件某一属性特征，并将其转化为一个tif图层，而CopyRaster_management函数将图层导出为tif。

```
import arcpy
import os
from arcpy import env
from arcpy.sa import *
env.overwriteOutput = True

#nc文件所在文件夹路径
input_nc = r"L:\book\chapter 8 code\code-8-6\input"
#输出栅格路径
output_nc = r"L:\book\chapter 8 code\code-8-6\input\test_tif"
#设置需要提取的变量参数
var = "DUSMASS25"
#可以不用改
x_dimension = "lon"
y_dimension = "lat"
#nc文件的时间维度
dimension = ""
band_dimension = ""
value_selection_method = "BY_VALUE"

arcpy.env.workspace = input_nc
files = arcpy.ListFiles("*")

print "ListFiles: ", files

file = files[0]

print arcpy.env.workspace
inNetCDF = input_nc + "\\" + file
print "Processing", order+1, inNetCDF

dimension_values = ""
out_path = output_nc + os.sep + file[: -3] + ".tif"
```

```
print "    ", out_path
arcpy.MakeNetCDFRasterLayer_md（inNetCDF, var, x_dimension, y_
dimension, file[:-3], band_dimension, dimension_values, value_
selection_method）

arcpy.CopyRaster_management（file[:-3], out_path, "TIFF"）
print "    ", 'success', "\n"
print "全部完成！！！"
```

（三）栅格数据裁剪和计算

栅格数据在使用的过程中经常需要通过一定的范围进行裁剪，对波段进行计算，对裁剪后的tif进行统计计算等。此处主要讲解如何读取nc文件，用波段计算新参数，并进行栅格数据的裁剪，统计裁剪后的区域均值。arcpy.env.workspace函数用来设定工作目录，arcpy.MakeNetCDFRasterLayer_md函数用来转换nc文件为tif文件，并另存为新的图层，利用Raster函数进行波段间计算，arcpy.sa.ZonalStatisticsAsTable函数用来计算每个shp区域内的统计指标，输出为区域均值。

```
import arcpy
import os
from arcpy import env
from arcpy.sa import *
env.overwriteOutput=True
    #nc文件所在文件夹路径
    input_nc=r"L:\nc-20220408\test"
    #输出栅格路径
    output_nc=r"L:\nc-20220408\test_out"
    #设置需要提取的变量参数
    vars=['DUSMASS25', 'SSSMASS25', 'BCSMASS', 'OCSMASS', 'SO4SMASS']
    #可以不用改
    x_dimension="lon"
    y_dimension="lat"
    #nc文件的时间维度
    dimension=""
```

```
    band_dimension = ""
    value_selection_method = "BY_VALUE"
    arcpy.env.workspace = input_nc
    files = arcpy.ListFiles ( "*" )
print "ListFiles: ", files

for order, file in enumerate ( files ) :
    print arcpy.env.workspace
    inNetCDF = input_nc+ "\\" +file
    print "Processing", order+1, inNetCDF
    dimension_values = ""

    DUST25 = file[: -6]+ "_DUST25.tif"
    SS25 = file[: -6]+ "_SS25.tif"
    BC = file[: -6]+ "_BC.tif"
    OC = file[: -6]+ "_OC.tif"
    SO4 = file[: -6]+ "_SO4.tif"

    print "    ", DUST25
    print "    ", SS25
    print "    ", BC
    print "    ", OC
    print "    ", SO4

    #DUST25
    arcpy.MakeNetCDFRasterLayer_md ( inNetCDF, vars[0], x_dimension, y_dimension, DUST25, band_dimension, dimension_values, value_selection_method )
    #SS25
    arcpy.MakeNetCDFRasterLayer_md ( inNetCDF, vars[1], x_dimension, y_dimension, SS25, band_dimension, dimension_values, value_selection_method )
    #BC
```

```
    arcpy.MakeNetCDFRasterLayer_md（inNetCDF, vars[2], x_dimension,
y_dimension, BC, band_dimension, dimension_values, value_selection_
method）
    #OC
    arcpy.MakeNetCDFRasterLayer_md（inNetCDF, vars[3], x_dimension,
y_dimension, OC, band_dimension, dimension_values, value_selection_
method）
    #SO4
    arcpy.MakeNetCDFRasterLayer_md（inNetCDF, vars[4], x_dimension,
y_dimension, SO4, band_dimension, dimension_values, value_selection_
method）
    result=Raster（DUST25）+Raster（SS25）+Raster（BC）+1.4 * Raster
（OC）+1.375 * Log10（Raster（SO4））
    out_table=r"L:\nc-20220408\test_out\{}.dbf".format（file[: -8].
replace（'.', '_'））
    print out_table*

    arcpy.sa.ZonalStatisticsAsTable（r"L:\nc-20220408\CHN_2020\adm3.
shp", "NAME", result, out_table, "", "MEAN"）
    print "    ", 'success', "\n"
print "全部完成！！！"
```

（四）Matplotlib数据可视化

Matplotlib是Python的绘图库，可以让用户轻松将数据图形化、可视化，并提供多种输出格式，可以用来绘制各种静态、动态、交互式图表。Matplotlib可以绘制线图、散点图、等高线图、条形图、柱状图、三维图形，还有图形动画。在nc文件的处理和应用中，通常需要将数据可视化为地图，以下主要演示如何绘制地图。

1. 将tif影像绘制为图

使用Image.open函数打开一张tif图，并通过plt.imshow函数进行图形的绘制，最后通过plt.show（）进行可视化（图8.3）。

```
import matplotlib.pyplot as plt
from PIL import Image
sst_b=Image.open（"sst_b.tif"）
```

```
plt.imshow(sst_b)
plt.show()
```

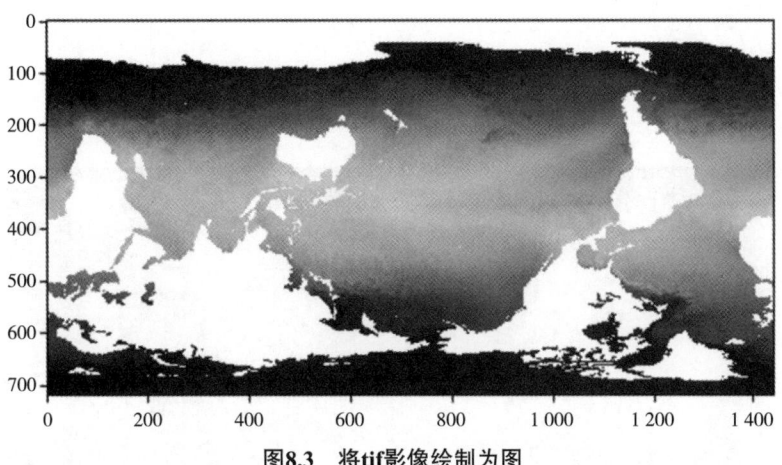

图8.3 将tif影像绘制为图

2. 将tif影像进行旋转

当地图发生方向不正确时，需要对地图进行旋转操作，使用np.rot90函数对地图进行旋转，该函数表示将地图旋转90°，其中k表示旋转次数。设置k=2含义为将地图沿顺时针旋转两次90°。旋转后得到地图南北方向正确，但是东西方向不正确，需要进行下一步操作（图8.4）。

```
import numpy
ssb1=np.rot90(sst_b,k=2)
plt.imshow(ssb1)
plt.show()
```

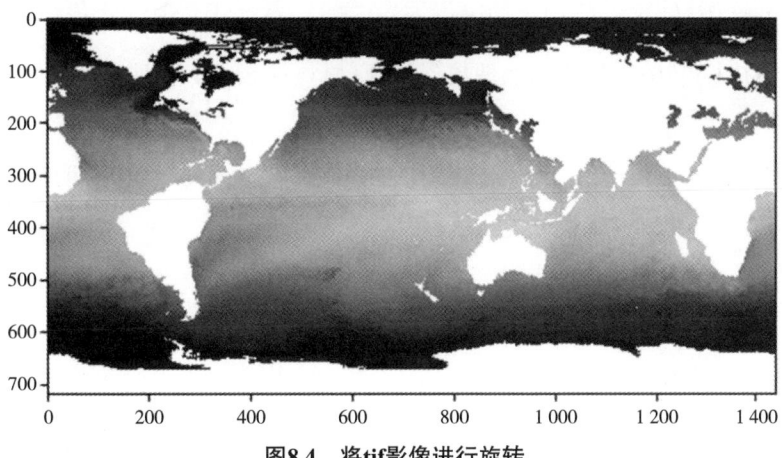

图8.4 将tif影像进行旋转

np.flip函数可以对地图进行镜像旋转，其中，左右旋转为1，上下旋转为2，经过旋转和镜像旋转，就可以看到一张正确显示的世界地图了（图8.5）。

```
ssb2=np.flip（ssb1，1）
plt.imshow（ssb2）
plt.show（）
```

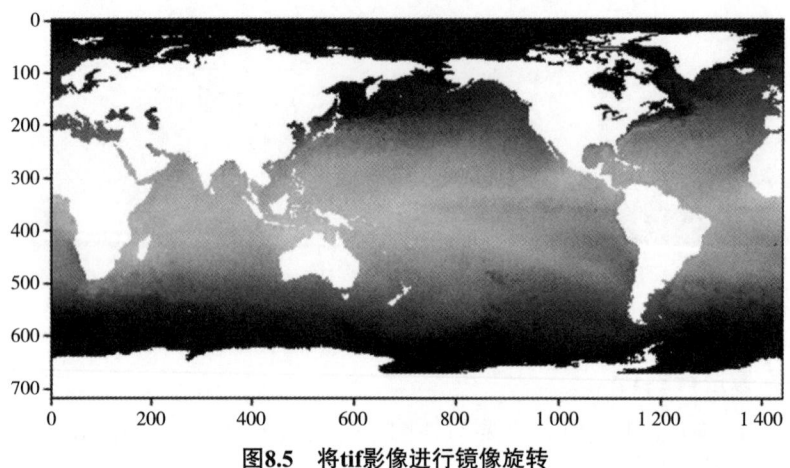

图8.5　将tif影像进行镜像旋转

课后习题

1.读取nc文件，提取感兴趣的省份数据，计算年均值，绘制年均值变化曲线。

参考文献

CHUN W，2016.Python核心编程：第3版［M］.孙波翔，李斌，李晗，译.北京：人民邮电出版社.

GARRARD C，2017.Python地理数据处理［M］.张云金，张明希，译.北京：人民邮电出版社.

ZANDBERGEN P A，2014.面向ArcGIS的Python脚本编程［M］.李明巨，刘昱君，陶旸，等，译.北京：人民邮电出版社.

附　　图

图2.1　农田气象站（观测系统）

图2.2　经纬M600Pro无人机

图2.3　GaiaSky-mini机载高光谱相机

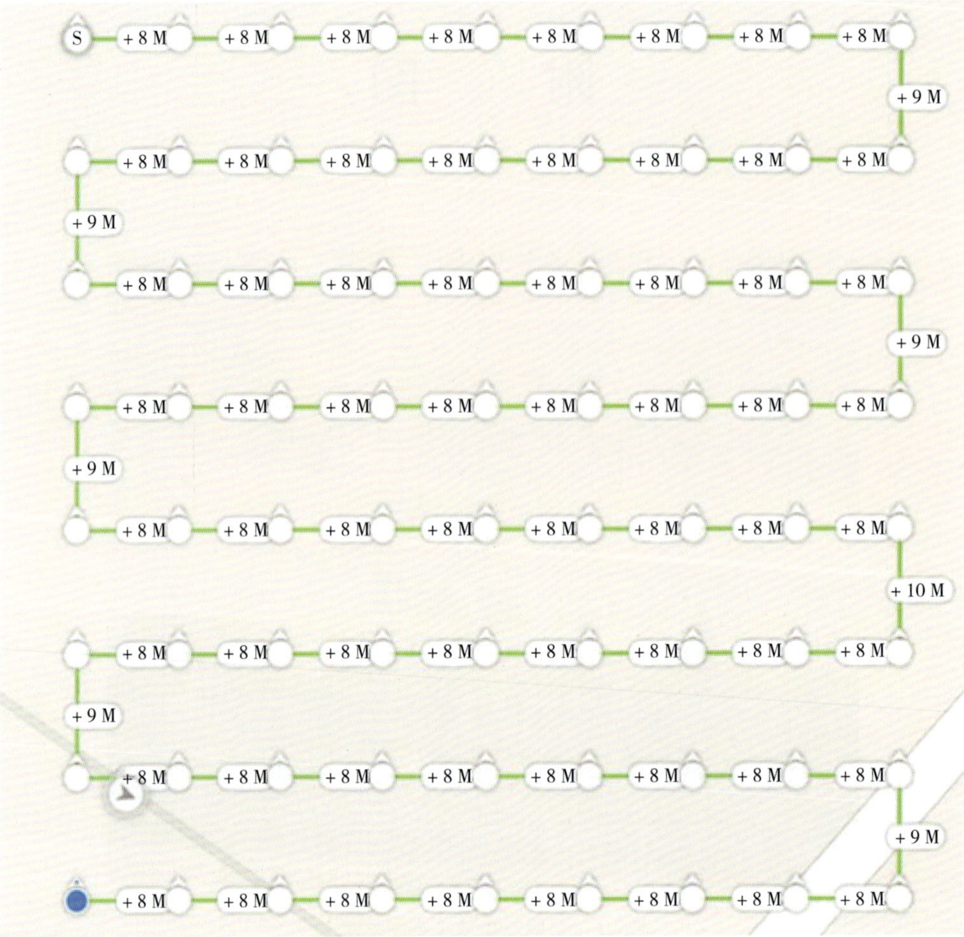

图2.4　航线规划（示意）

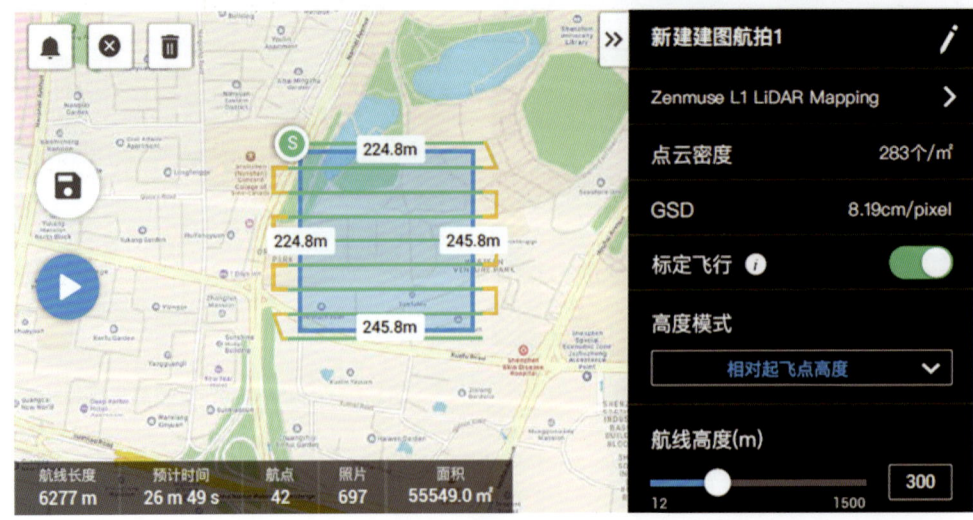

图2.6　调整扫描区域

图2.7 DJI Terra新建任务

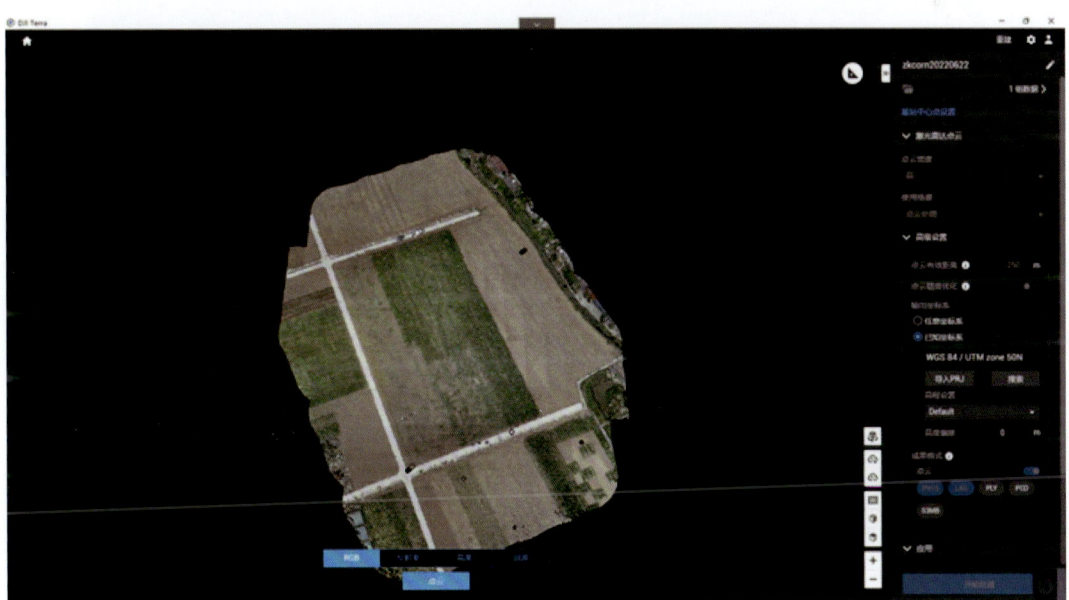

图2.8 DJI Terra雷达点云数据建图界面

图2.9 大疆精灵4RTK无人机

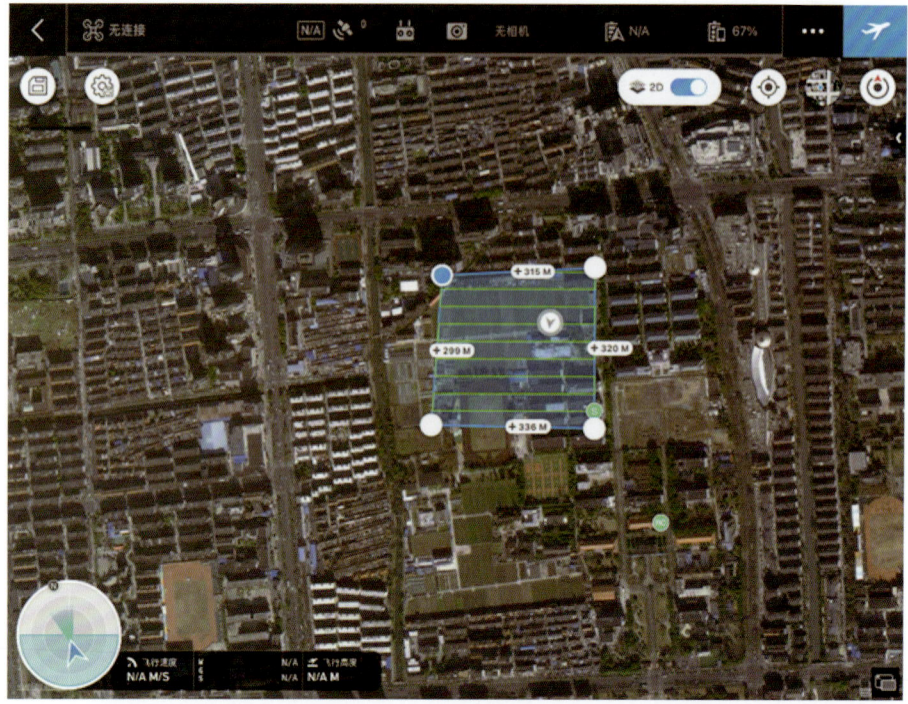

图2-10　GS_Pro操作界面

图2-11　航线（示意）

图4.8 高光谱影像批量导入界面

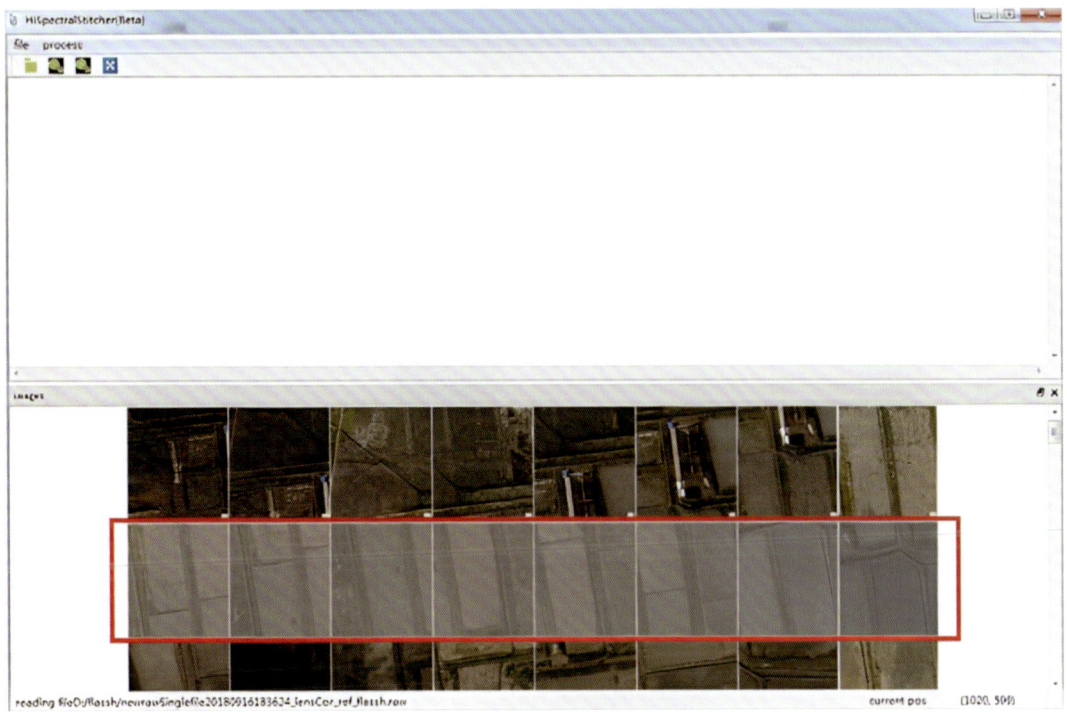

图4.9 高光谱影像异常数据剔除界面

智能农业数据综合分析与实践

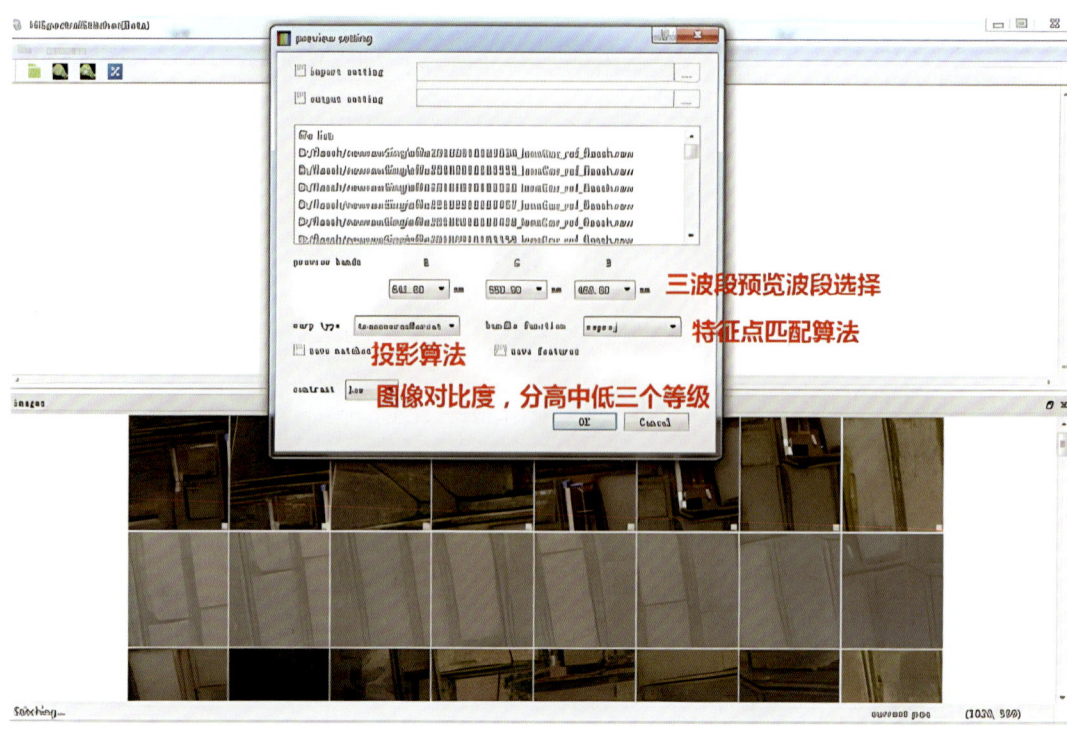

图4.10　高光谱影像拼接预览参数设置界面

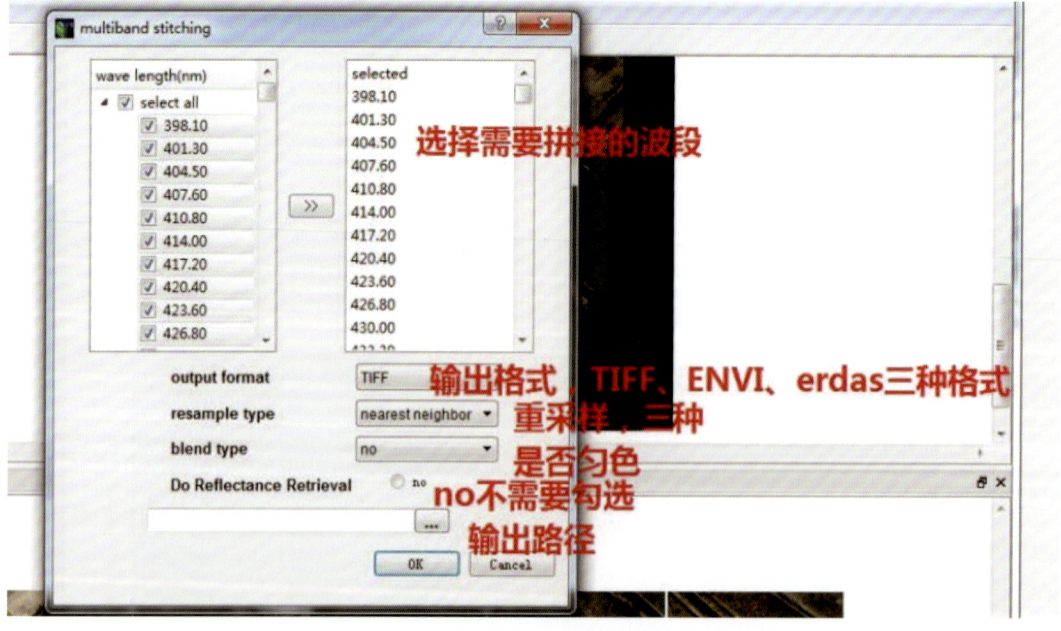

图4.11　高光谱影像全波段拼接参数设置界面

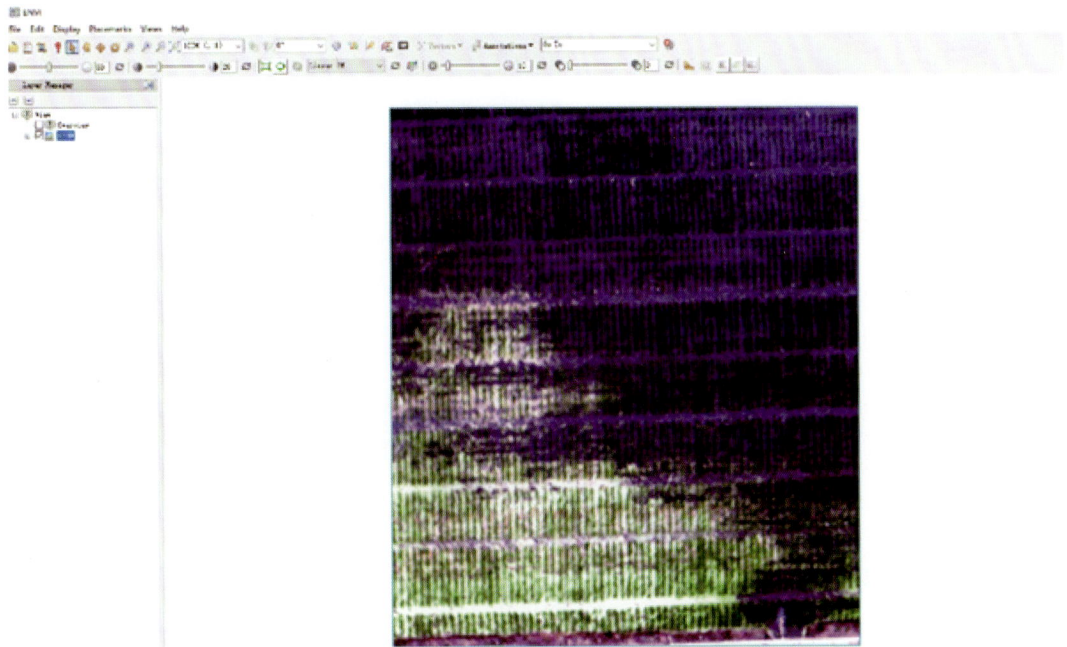

图4.12　ENVI界面

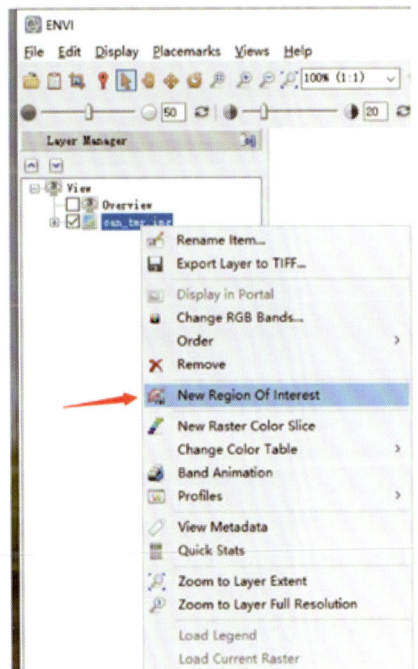

图4.13　新建感兴趣区域

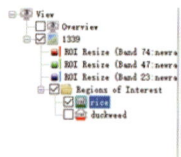
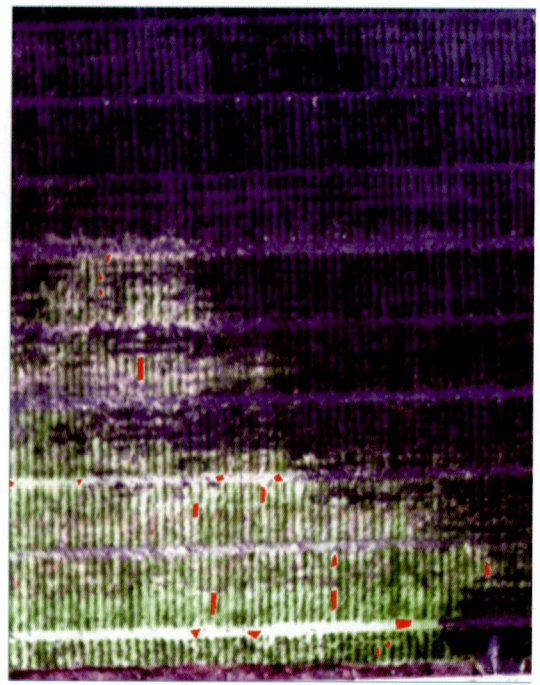

图4.14　浮萍

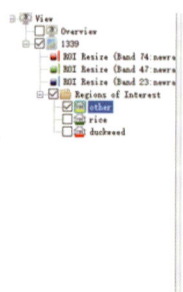
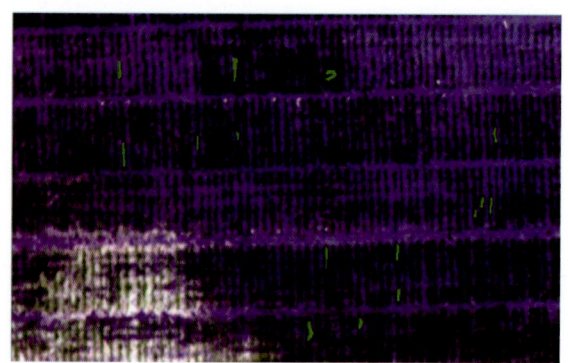

图4.15　水稻

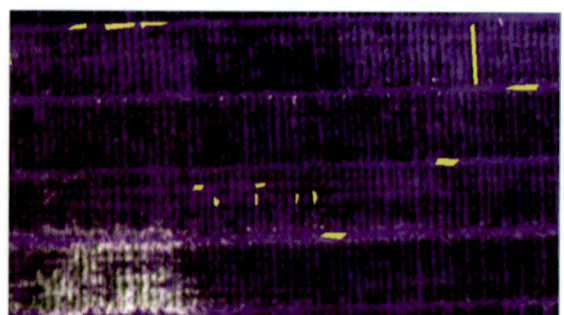

图4.16　背景

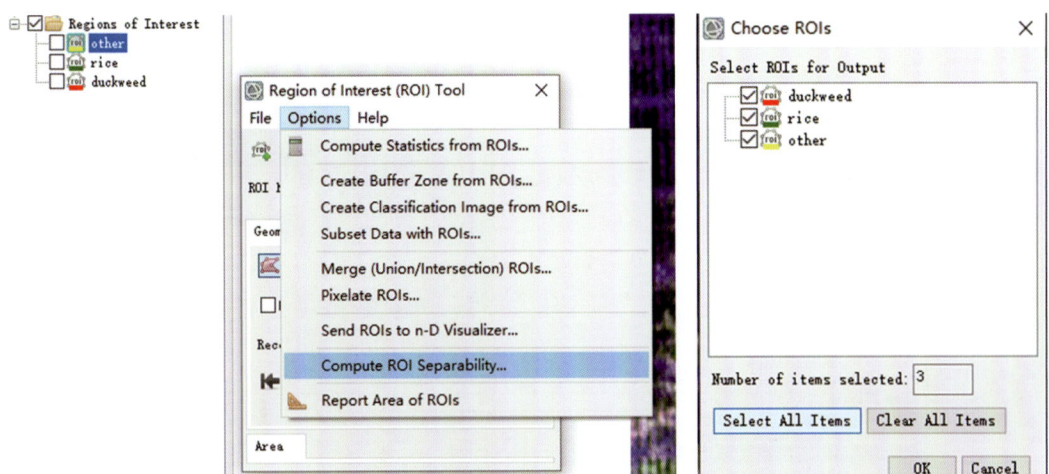

图4.17　样本可分离度计算　　　　　　图4.18　选择感兴趣区

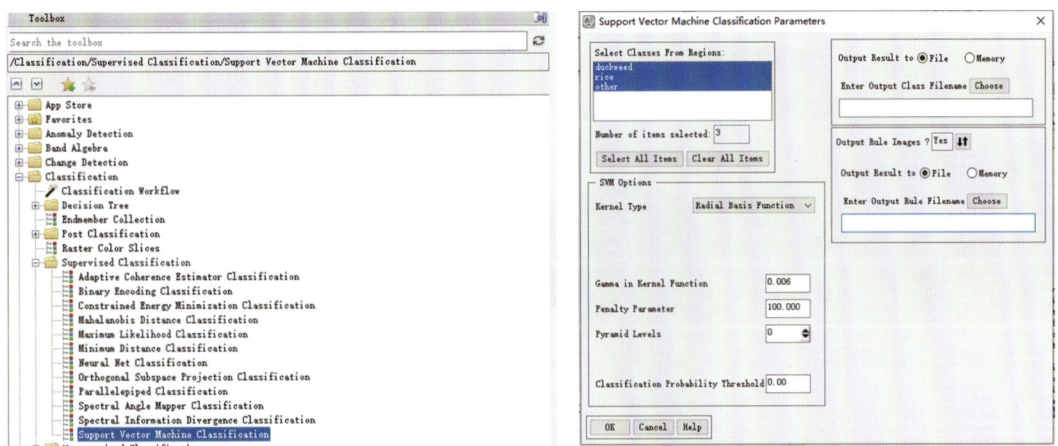

图4.19　选择支持向量机分类　　　　　　图4.20　参数设置

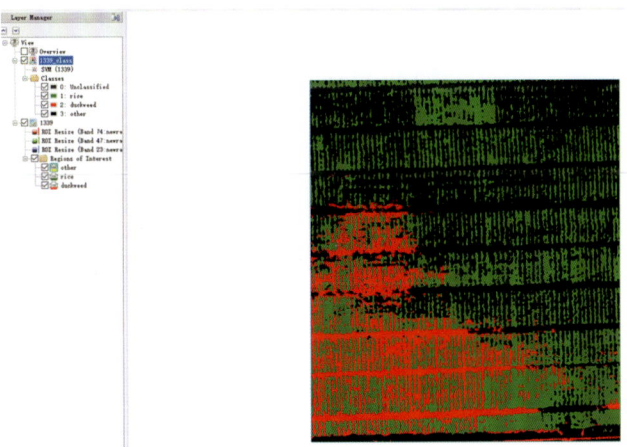

图4.21　分类后结果

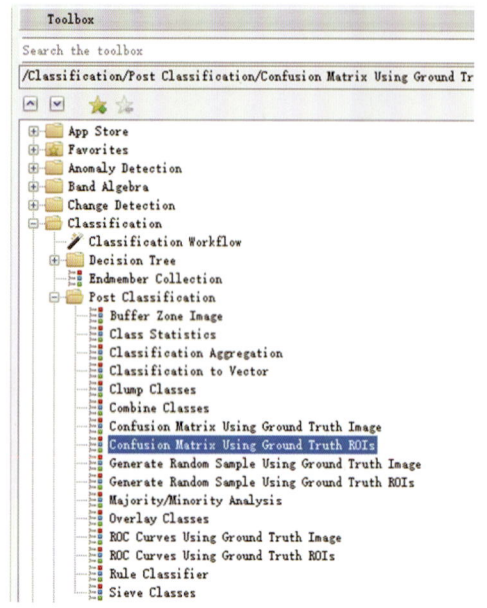
图4.23 选择混淆矩阵

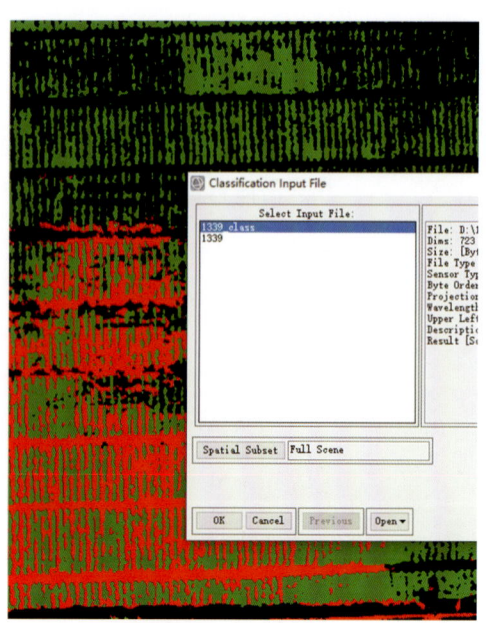
图4.24 选择输入文件

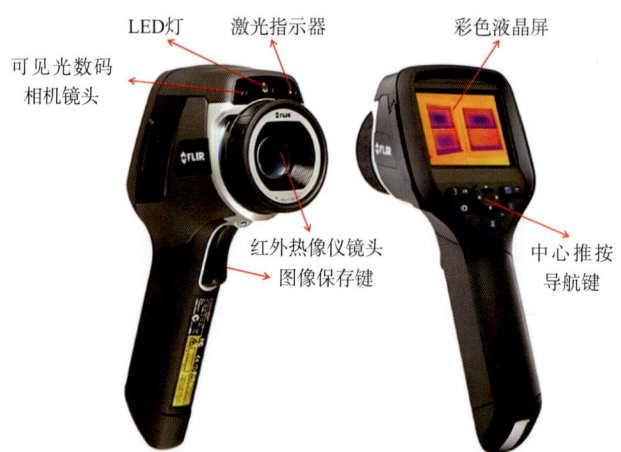
图5.3 FLIR产品（示意）

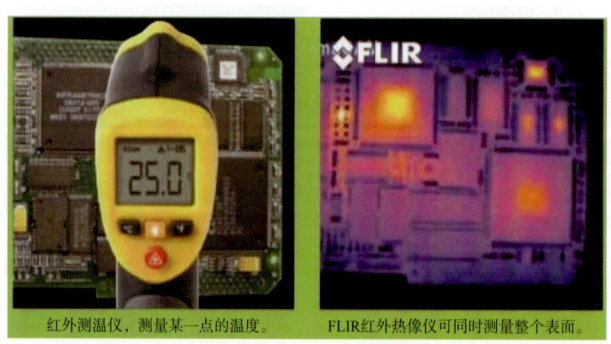
图5.10 红外测温仪（示意，左）和红外热像仪测温效果（示意，右）

附　图

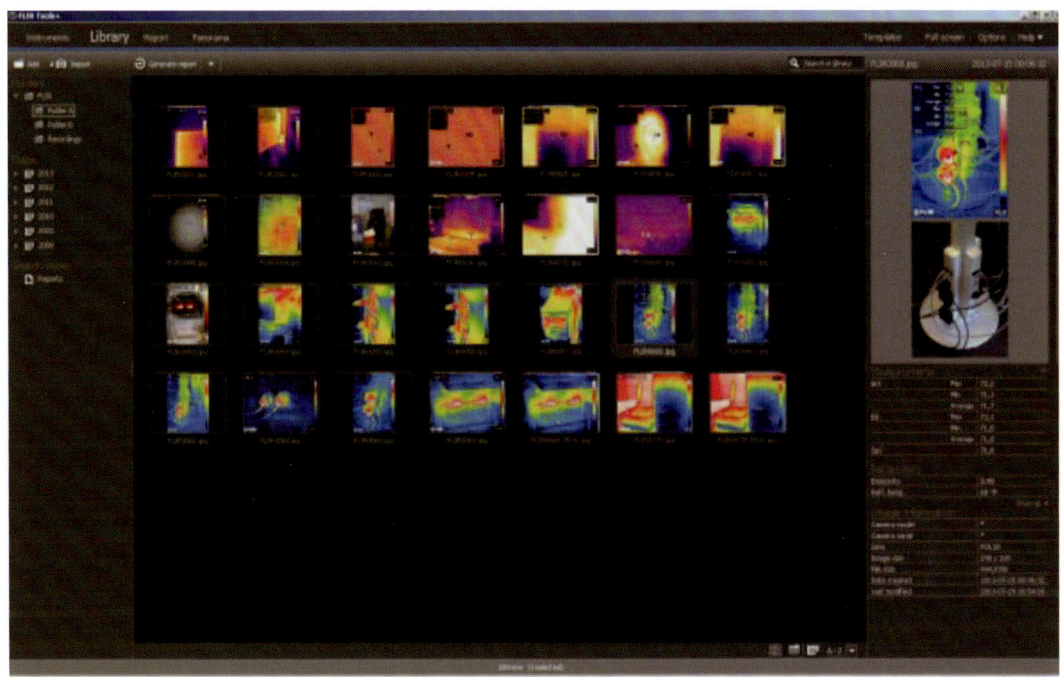

图5.11　FLIR Tools运行首页

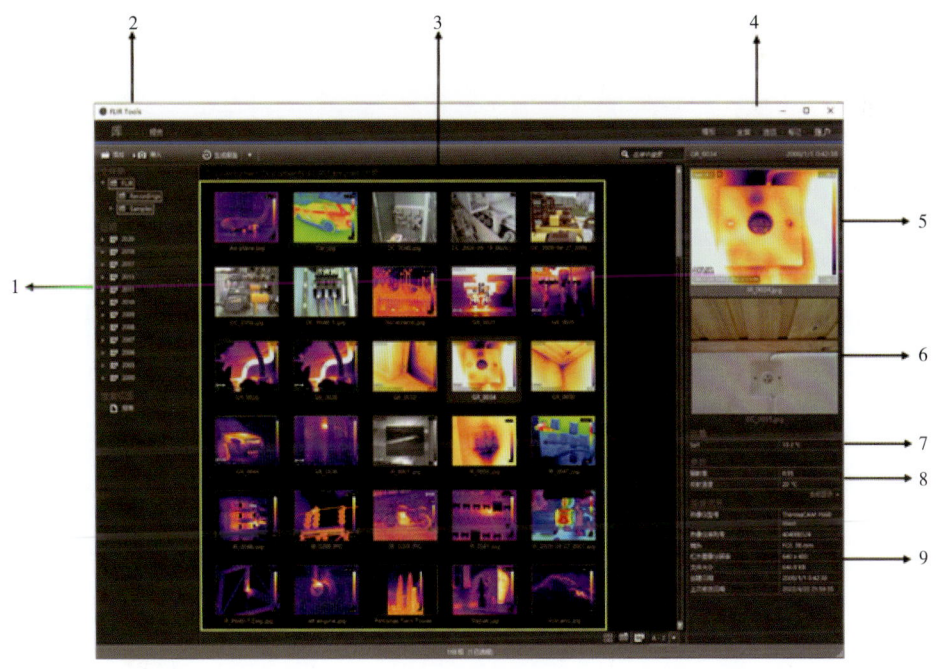

1—文件夹窗格；2—程序选项卡；3—所选文件夹的缩略图视图；4—菜单栏；5—红外图像的缩略图；
6—数码照片的缩略图视图；7—测量窗格；8—参数窗格；9—图像信息窗格。

图5.15　窗口要素界面

· 193 ·

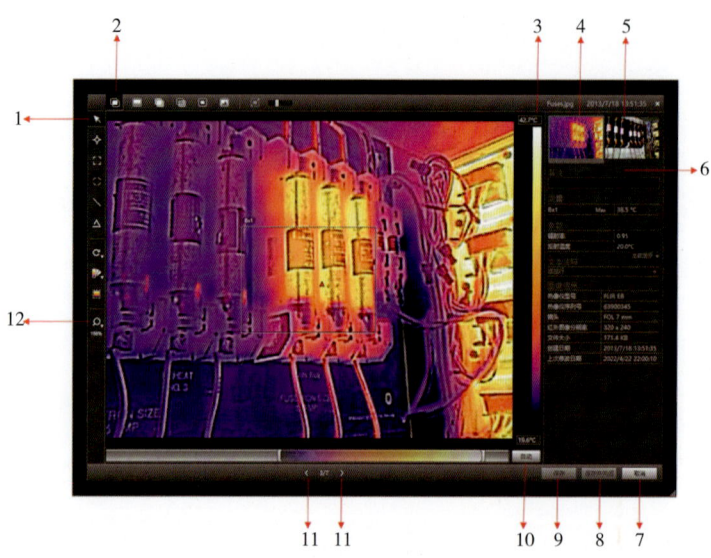

1—测量工具栏；2—图像模式工具栏；3—温标；4—红外图像的缩略图；5—数码照片的缩略图视图；6—结果和信息窗格；7—取消按钮；8—保存并关闭按钮；9—保存按钮；10—自动调整按钮；11—导航按钮；12—缩放设置按钮。

图5.16　图像编辑器窗口

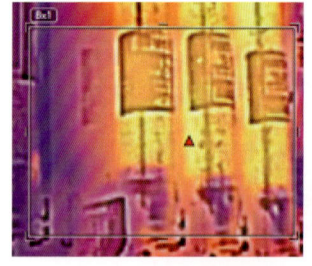

图5.17　调整测量工具大小界面

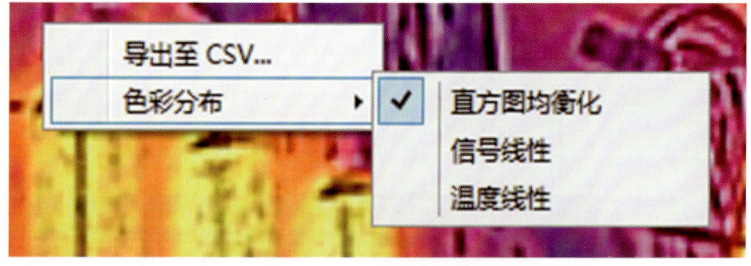

图5.18　调色板界面

图5.19　调色板界面

图5.20　更改参数界面

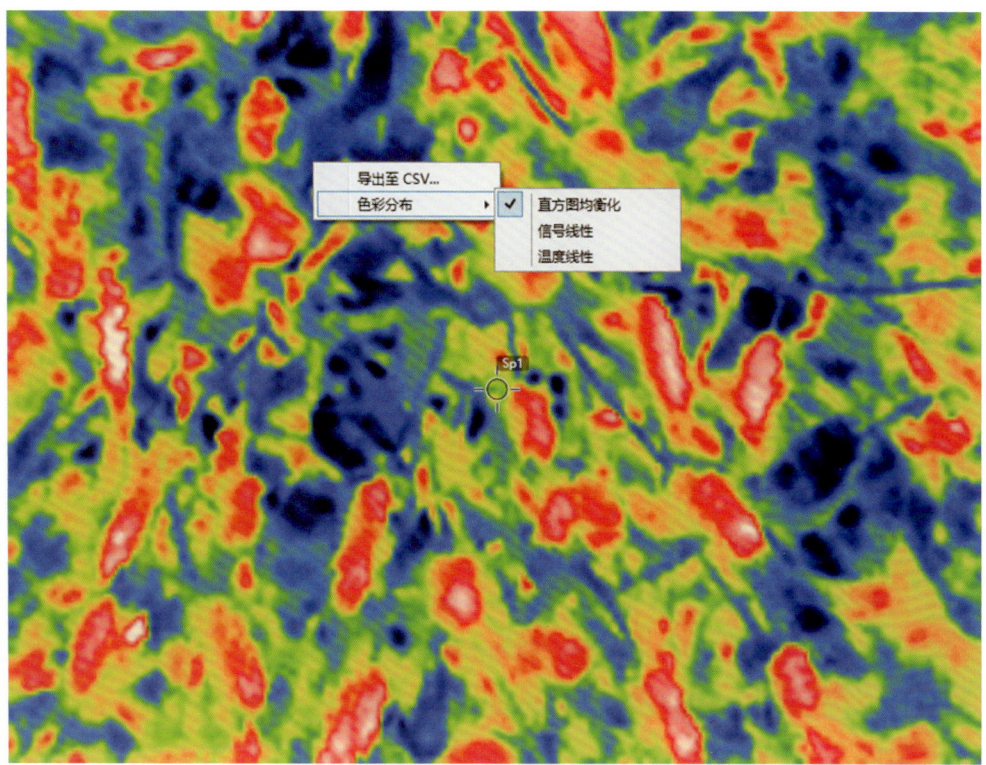

图5.21 更改色彩分布界面

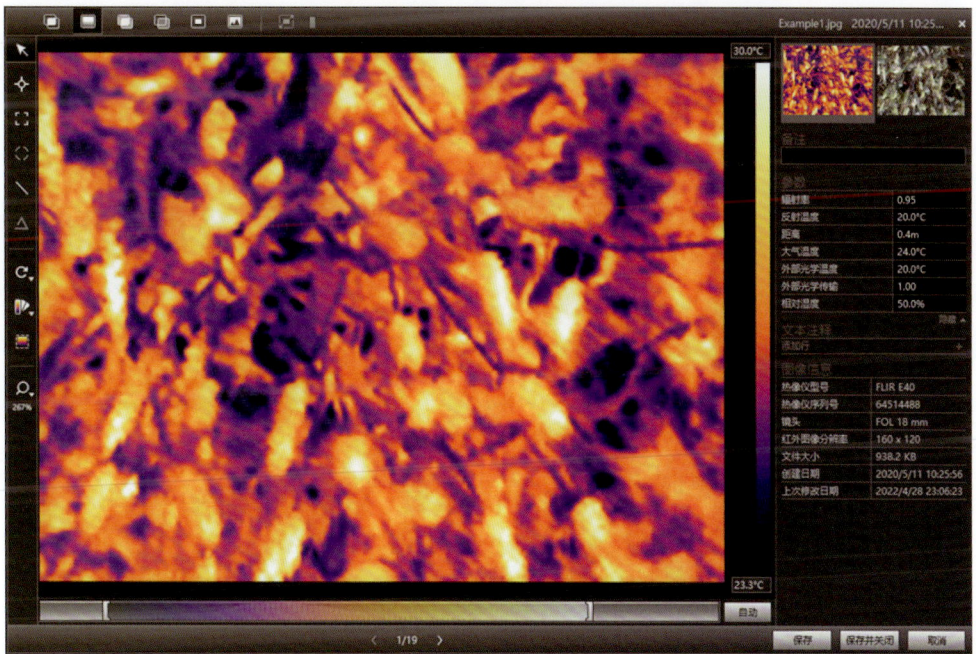

图5.22 Iron调色板

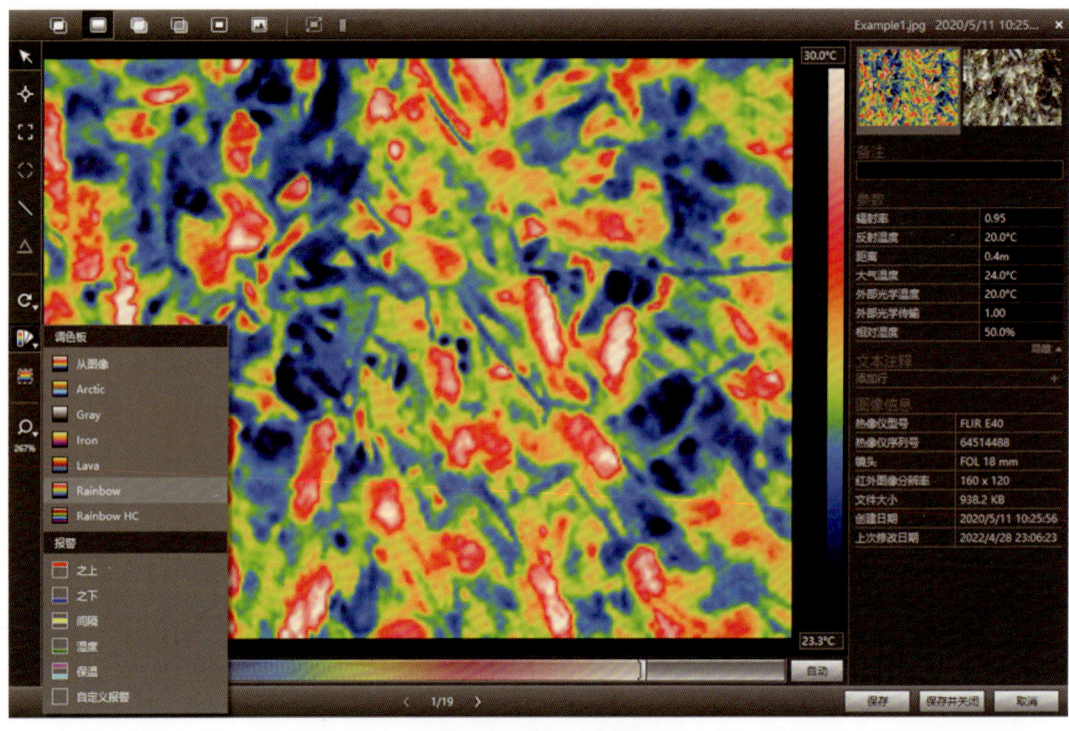

图5.23　Rainbow调色板

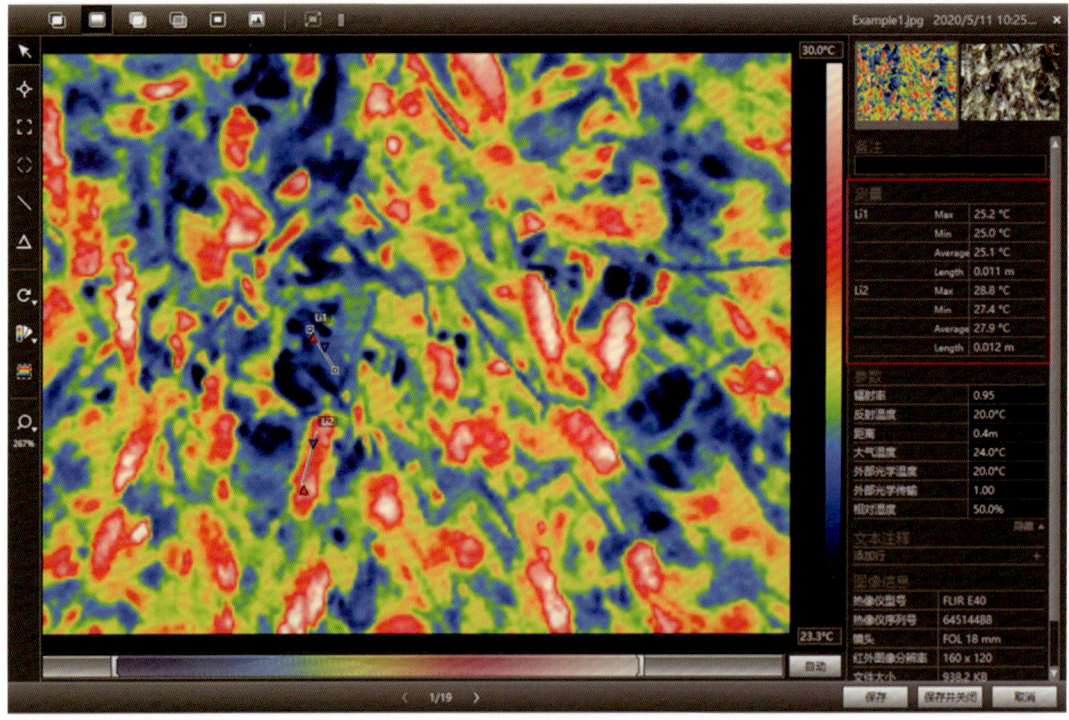

图5.24　添加线条工具后的调色板

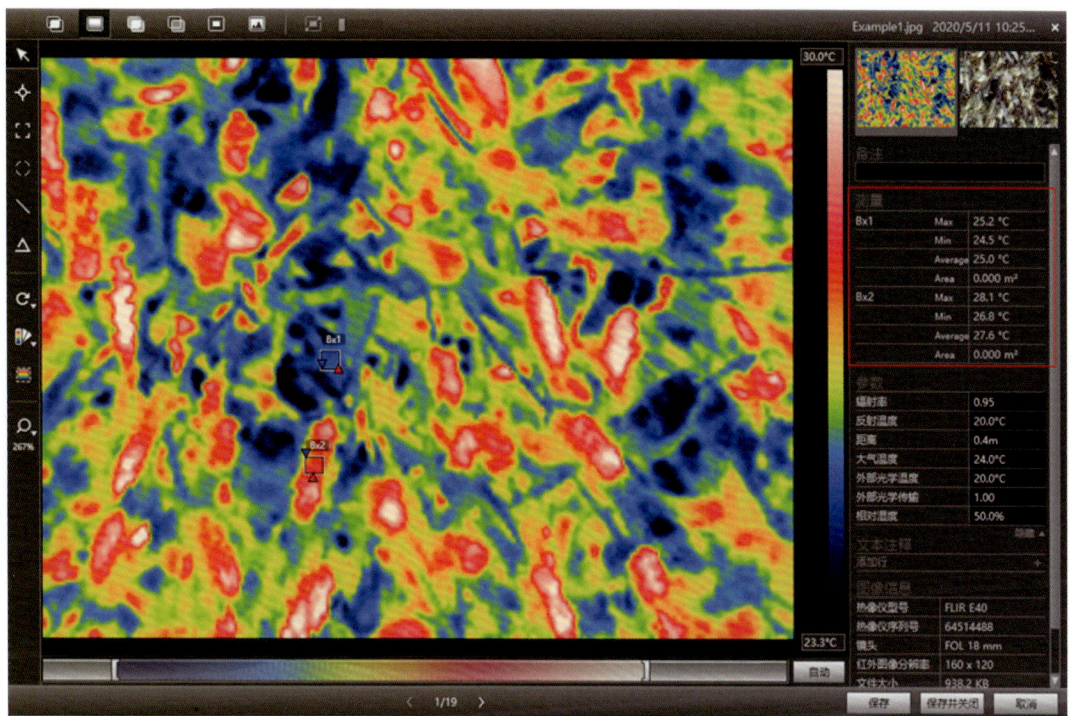

图5.25　添加区域测量工具后的调色板

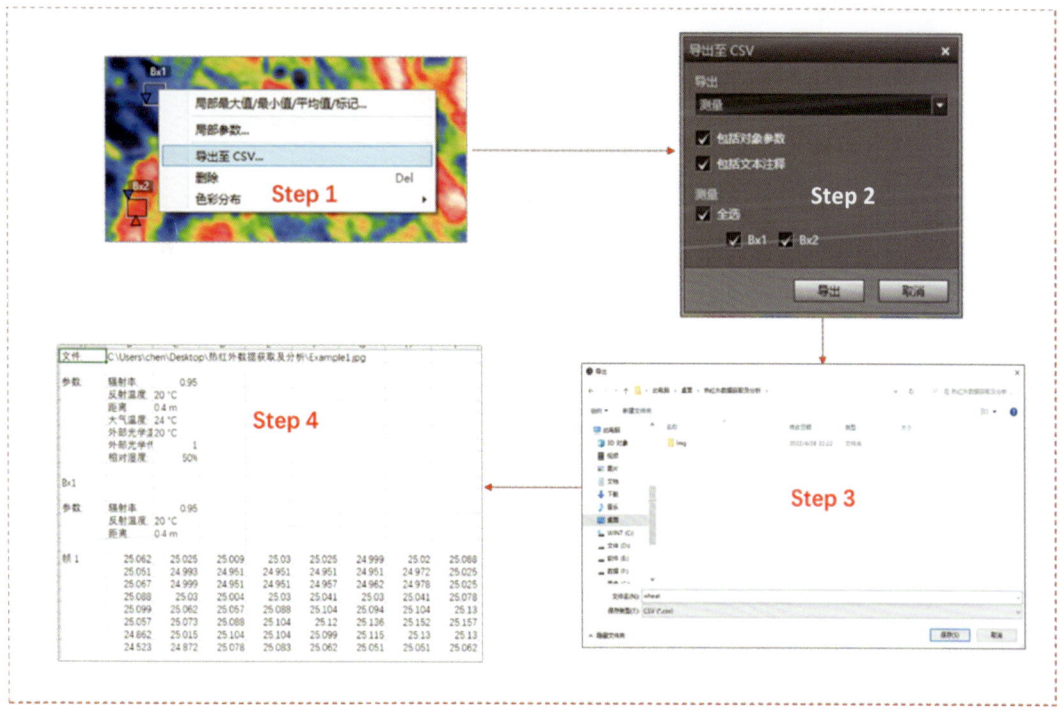

图5.26　导出数据

图6.1　电脑右键属性界面

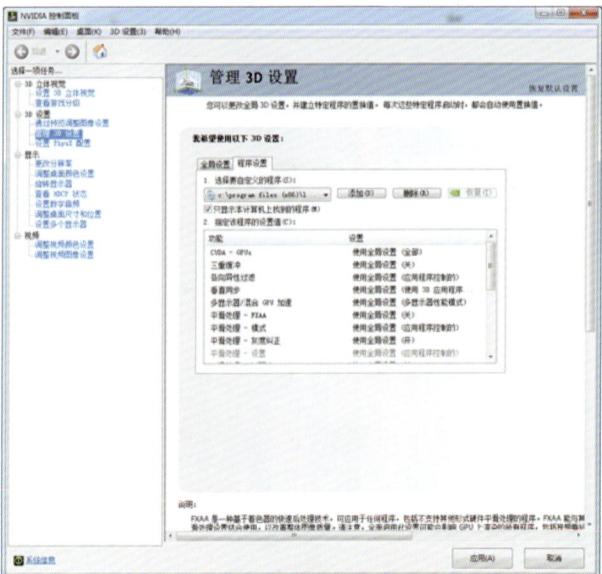

图6.2　电脑管理3D设置界面

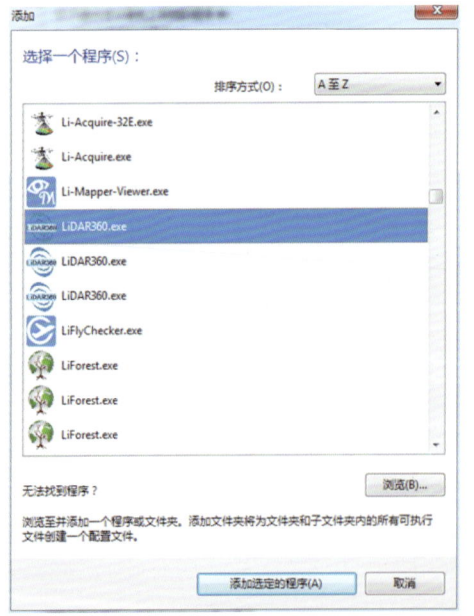

图6.3　添加程序设置界面

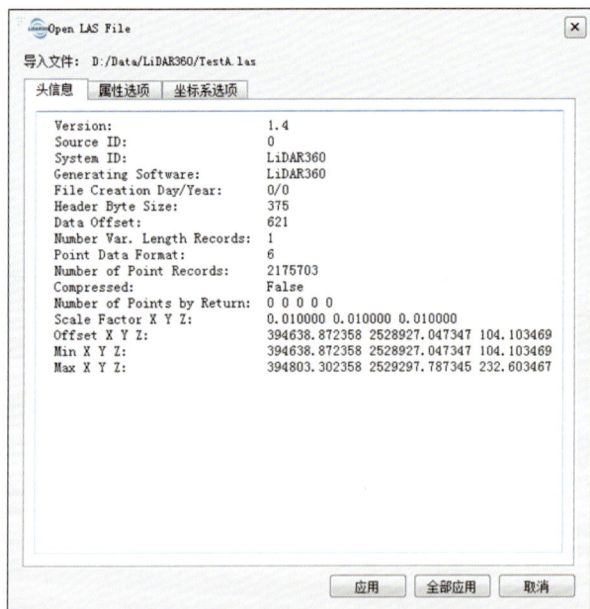

图6.4　打开LAS数据头信息标签页

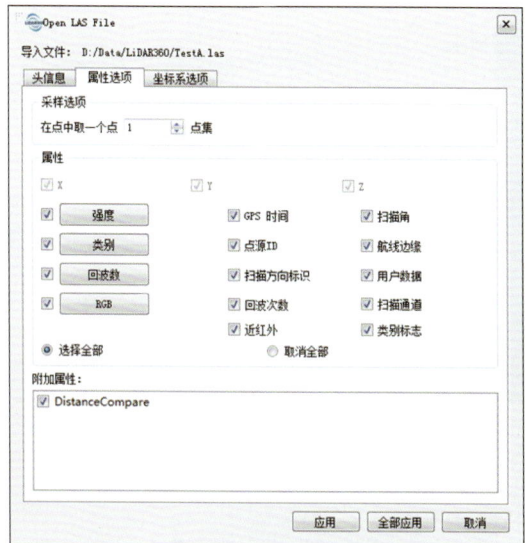

图6.5　打开LAS数据属性选项标签页

图6.6　打开LAS数据坐标系选项标签页

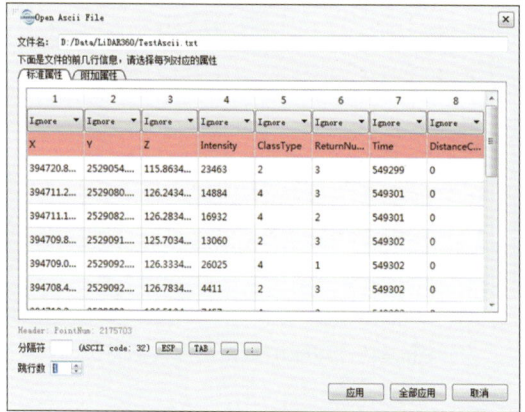

图6.7　打开ASCII文件对话框

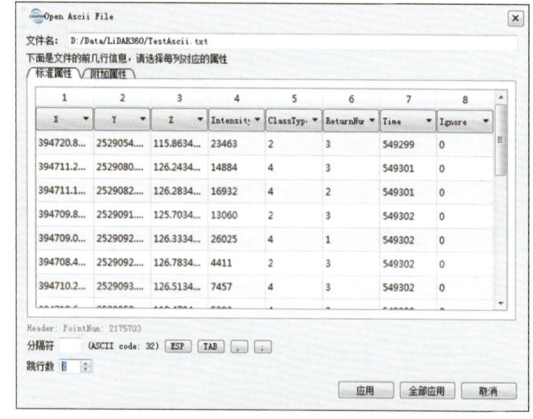

图6.8　设置跳行数对话框

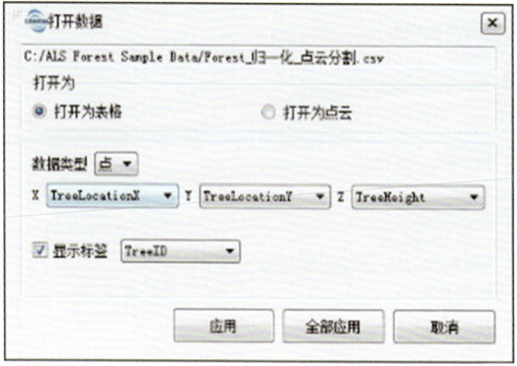

图6.9　打开*.CSV数据

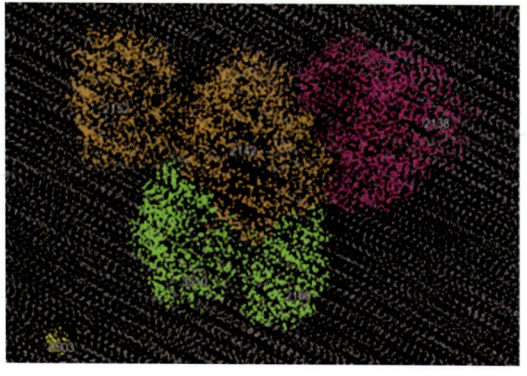

图6.10　*.csv文件以点的方式显示

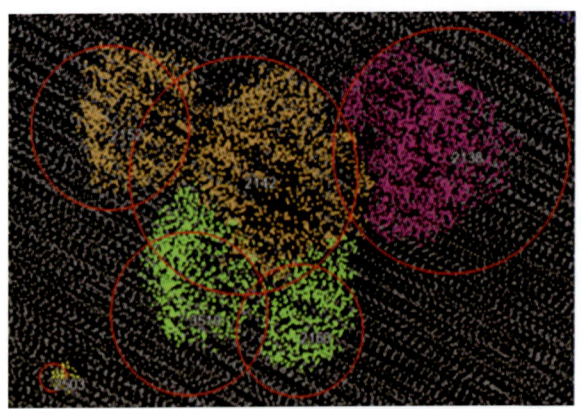
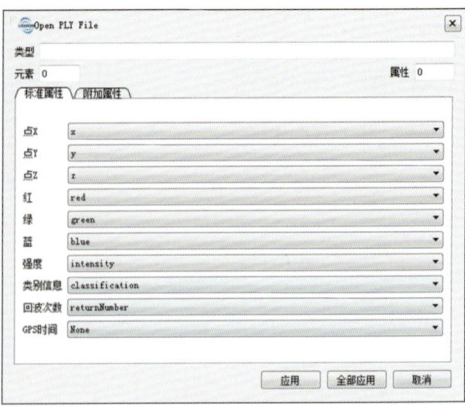

图6.11　*.csv文件以圆的方式显示　　　　图6.12　打开PLY文件标准属性标签页

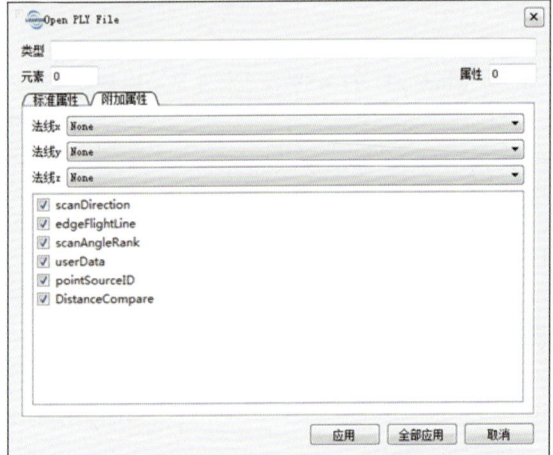

图6.13　打开PLY文件附加属性标签文件　　图6.14　打开E57数据文件头标签页

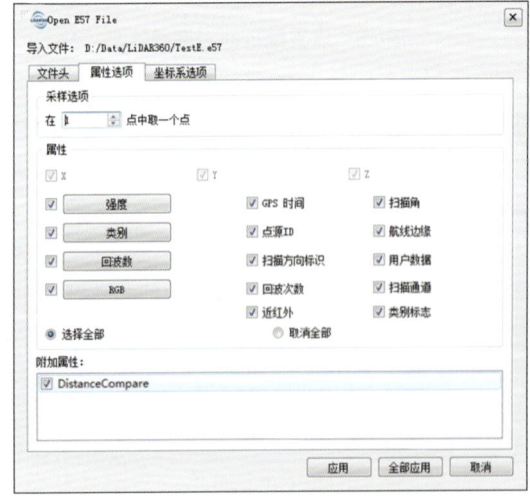
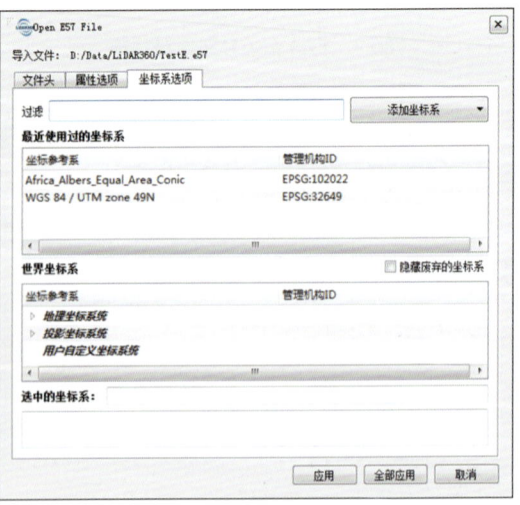

图6.15　打开E57数据属性选项标签页　　　图6.16　打开E57数据坐标系选项标签页

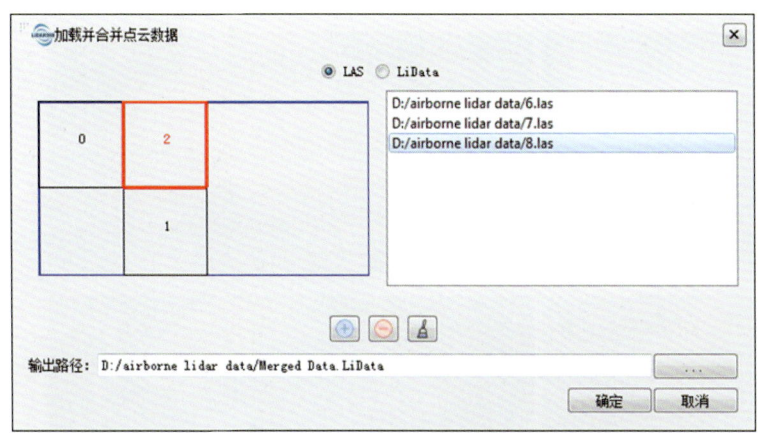

图6.17　加载并合并点云

图6.18　选择需要导出的数据

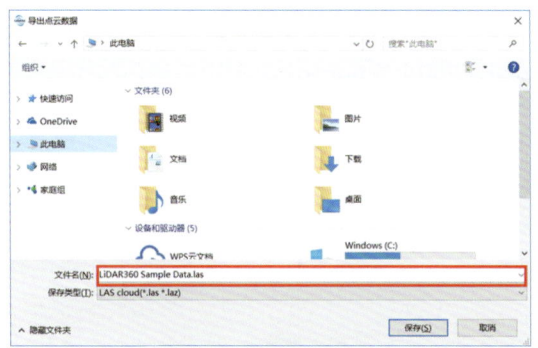

图6.19　设置导出路径

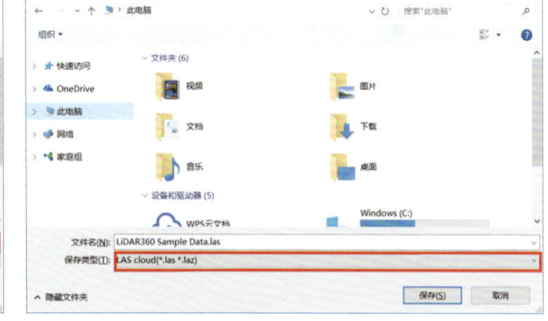

图6.20　设置导出文件类型

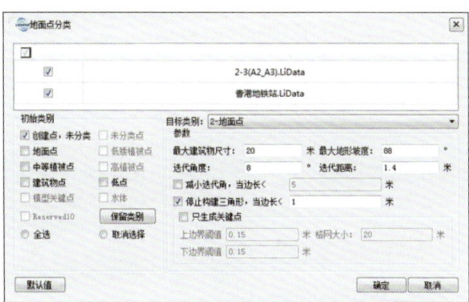

图6.23　地面点分类工具对话框

图6.24　坡度滤波设置界面　　　　　图6.25　二次曲面滤波设置界面

·201·

智能农业数据综合分析与实践

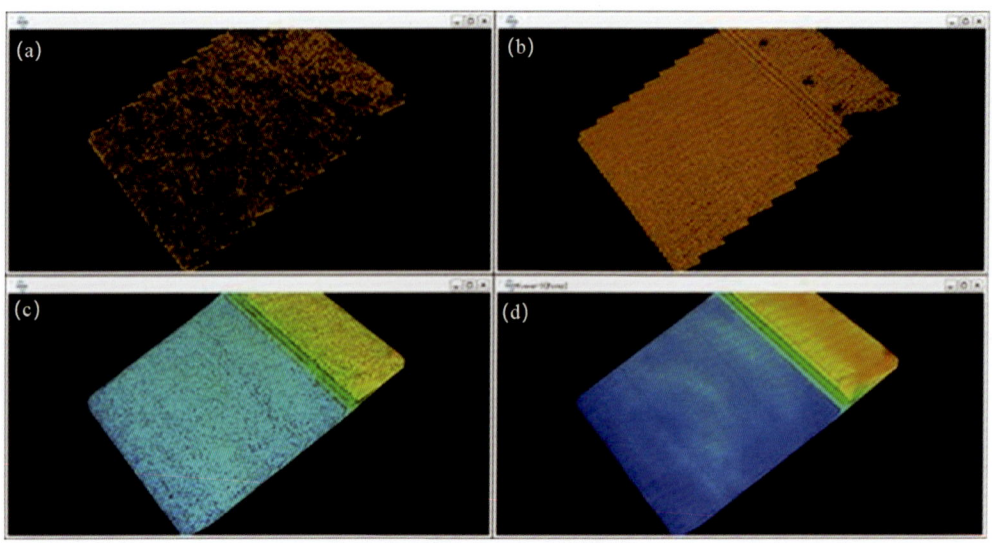

图6.26 中位数地面点分类前后的对比

注：（a）和（c）分别为中位数地面点分类前的地面点和三角网模型；
（b）和（d）分别为中位数地面点分类后的地面点和三角网模型。

图6.27 噪点分类工具对话框　　　　图6.28 建筑物分类工具对话框

图6.29 按属性分类工具对话框　　　　图6.30 低于地表分类工具对话框

· 202 ·

图6.31 高于地面分类工具对话框

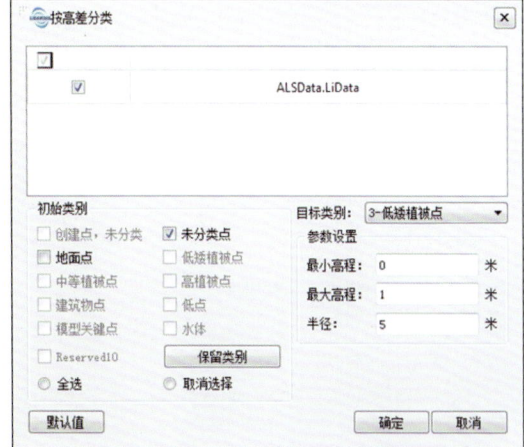

图6.32 按高差分类工具对话框

图6.33 邻近点分类工具对话框

图6.34 模型关键点分类算法（示意）

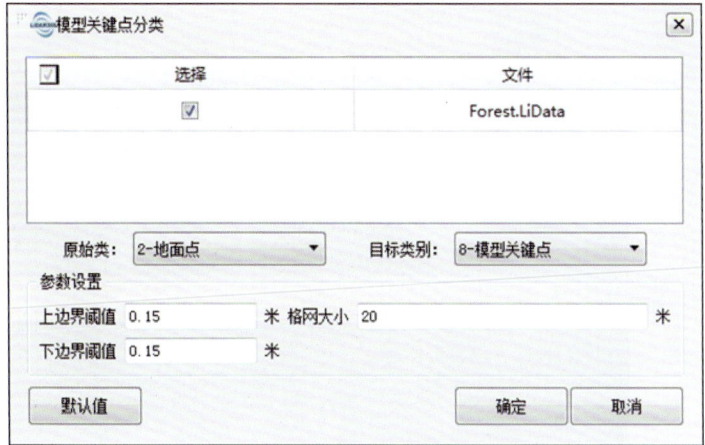

图6.35 模型关键点分类工具对话框

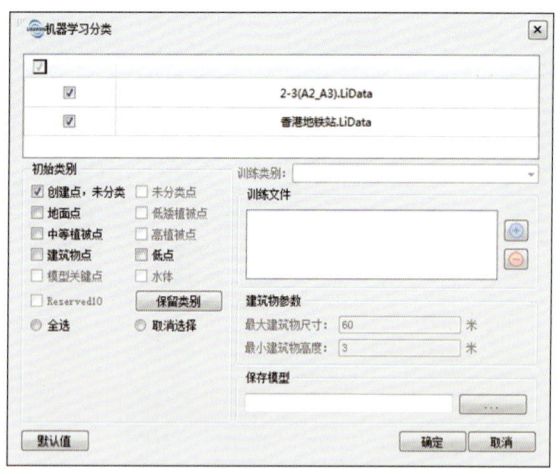

图6.36 机器学习分类工具对话框　　图6.37 按机器学习模型分类工具对话框

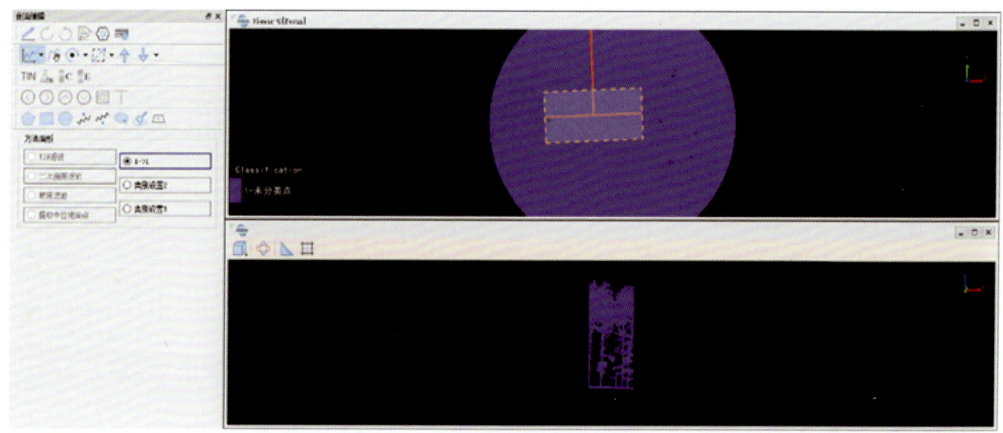

图6.38 剖面编辑分类（示意）

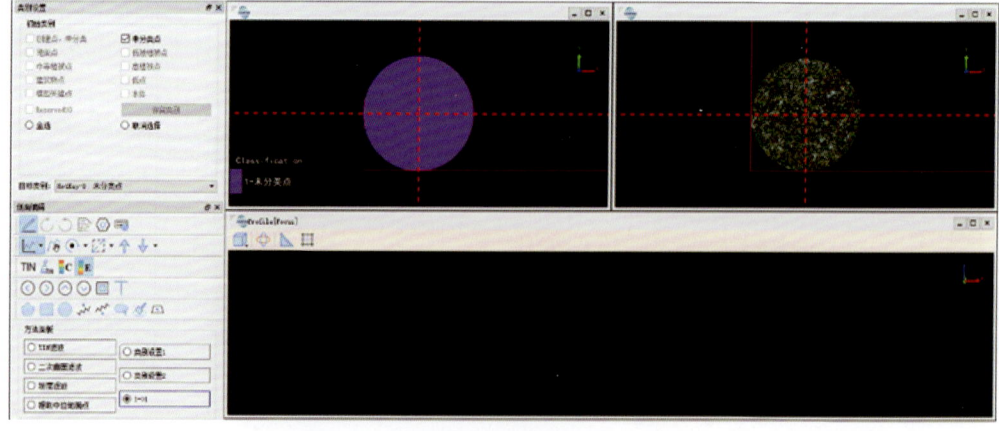

图6.39 点云与TIN的交互分类（示意）

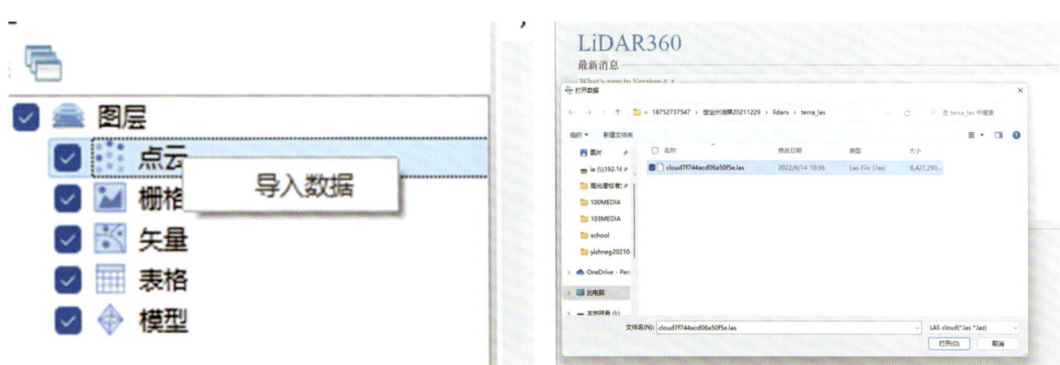

图6.40　右键点云按钮　　　　　图6.41　添加点云数据界面

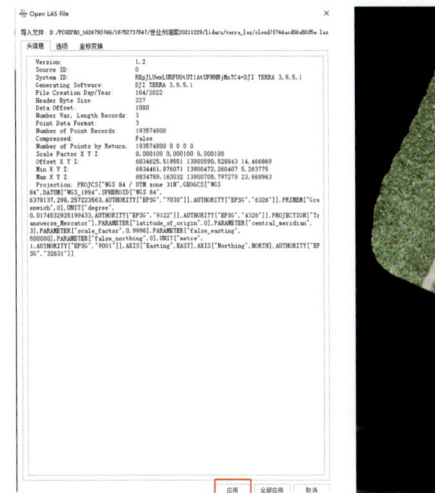

图6.42　添加点云数据头
信息界面

图6.43　油菜点云显示界面

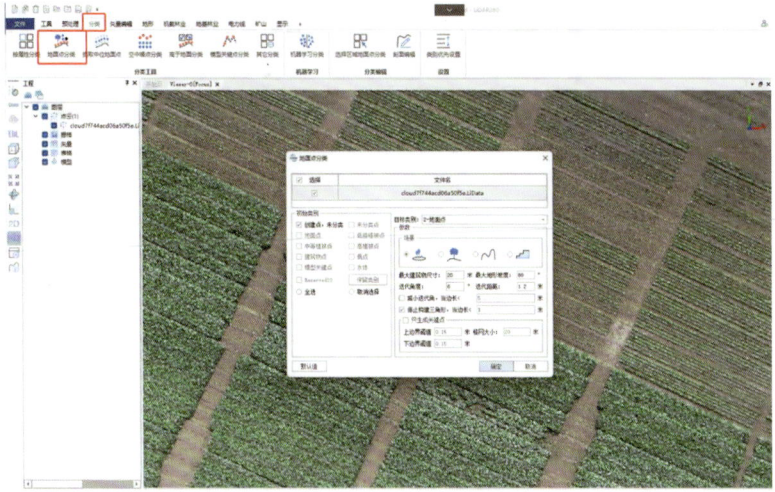

图6.44　地面点分类操作

· 205 ·

 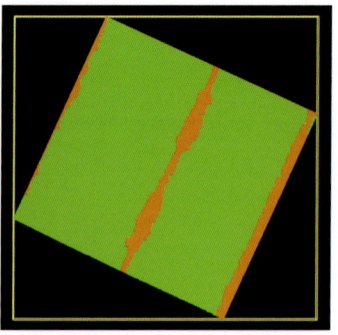

图6.45 地面点分类结果　　　　图6.46 油菜地面分类结果

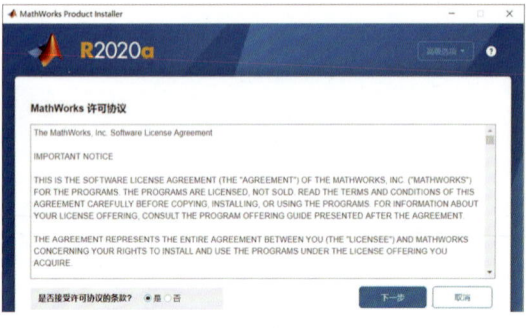 

图7.1 接受许可协议条款　　　　图7.2 添加许可证文件

图7.3 选择目标文件夹　　　　图7.4 选择工具箱

图7.5 将快捷方式添加到桌面　　　　图7.6 开始安装

附　图

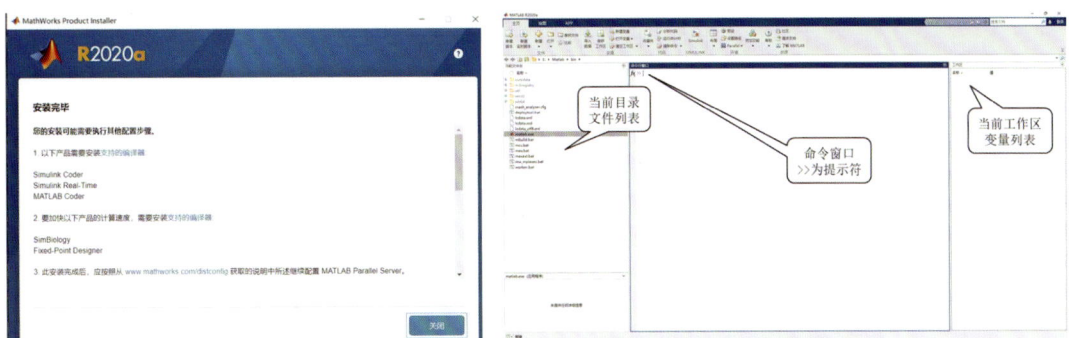

图7.7　完成安装　　　　　　　　　图7.8　Matlab界面

图7.9　help命令界面

图7.10　doc命令界面

图7.11　lookfor命令界面

图7.12　按F1键的对话框

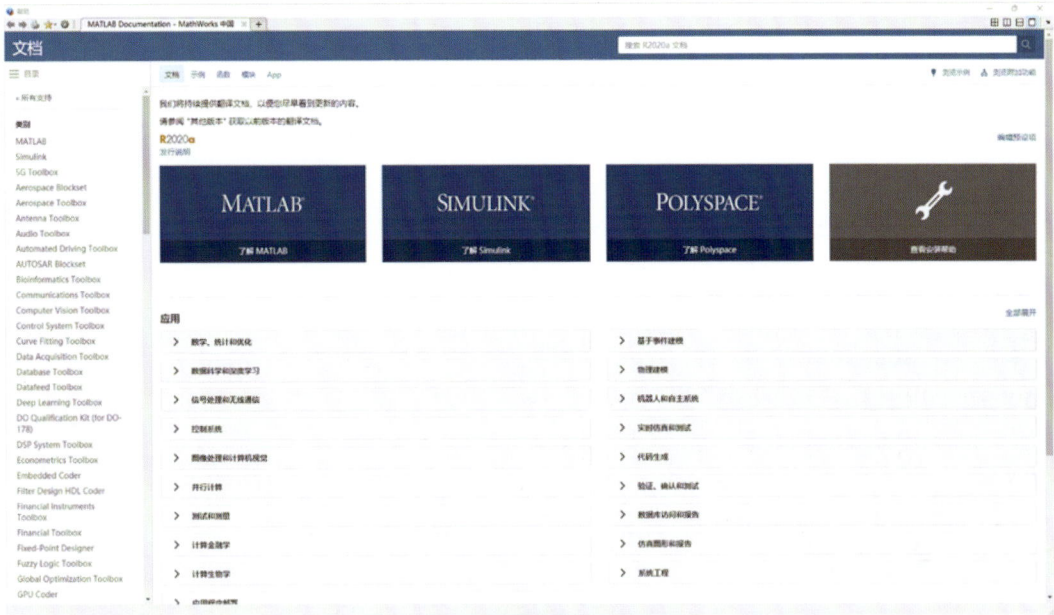

图7.13　帮助浏览器窗口

```
1   I=imread('coins.png');
2   I_out =imMove(I,30,30);
3   subplot(1, 2, 1),imshow(I);
4   title('原图像');
5   subplot(1, 2, 2),imshow(I_out);
6   title('平移图像');
7   function I_out = imMove(I, Tx, Ty)
8   tform = maketform("affine",[1 0 0;0 1 0;Tx Ty 1]);
9   I_out = imtransform(I, tform,"XData",[1 size(I,2)],"YData",[1 size(I, 1)]);
10  end
```

图7.15　平移变化代码

图7.16　平移变换效果

```
1   A = imread('coins.png');
2   [height,width,dim]=size(A);
3   tform = maketform('affine',[-1 0 0;0 1 0; width 0 1]);
4   B = imtransform(A, tform, 'nearest');
5   tform2 = maketform('affine', [1 0 0;0 -1 0;0 height 1]);
6   C = imtransform(A, tform2, 'nearest');
7   subplot(1, 3, 1), imshow(A);
8   title('原图像');
9   subplot(1, 3, 2), imshow(B);
10  title('水平镜像');
11  subplot(1, 3, 3), imshow(C);
12  title('竖直镜像');
```

图7.17　镜像变换代码

图7.18　镜像变换效果

```
1   A = imread('coins.png');
2   tform = maketform('affine',[0 1 0;1 0 0;0 0 1]);
3   B = imtransform(A, tform,'nearest');
4   subplot(1, 2, 1), imshow(A);
5   title('原图像');
6   subplot(1, 2, 2), imshow(B);
7   title('图像转置');
```

图7.19　图像转置代码

原图像   图像转置

图7.20　转置变换效果

图7.21　田间杂草与麦苗图像

图7.26　分割结果

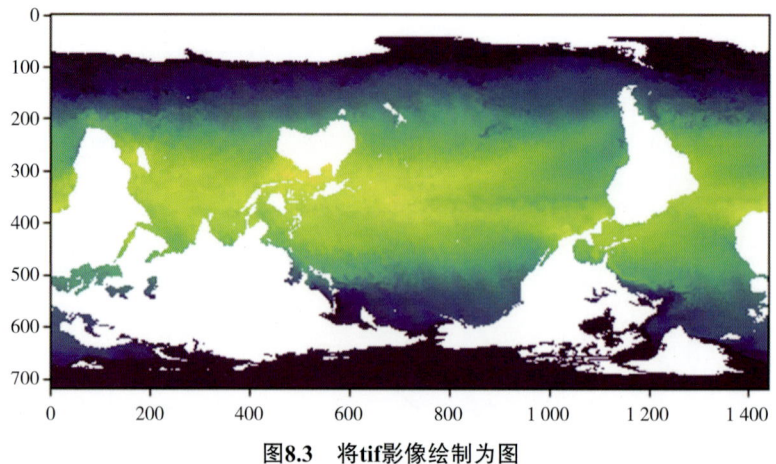

图8.3　将tif影像绘制为图

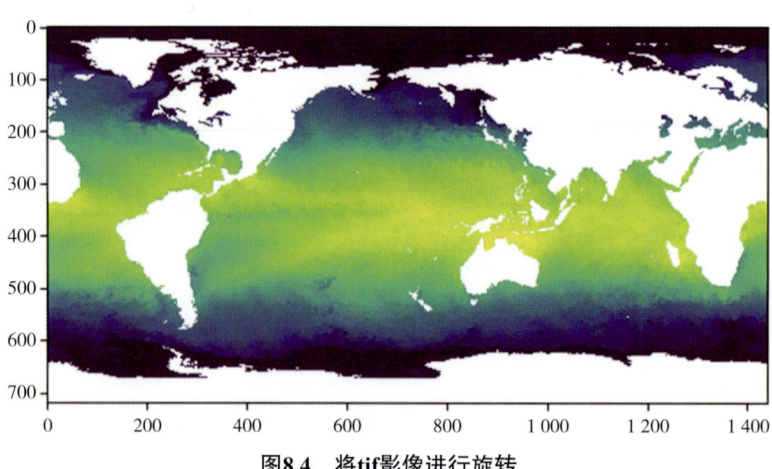

图8.4　将tif影像进行旋转

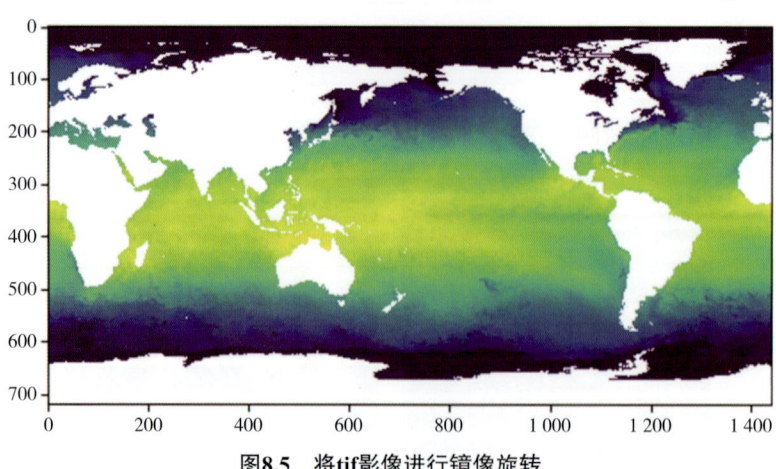

图8.5　将tif影像进行镜像旋转